西门子自动化产品应用技术

梁 岩 编著

东北大学出版社
·沈 阳·

© 梁 岩 2018

图书在版编目（CIP）数据

西门子自动化产品应用技术／梁岩编著. — 沈阳：
东北大学出版社，2018.10
ISBN 978-7-5517-2024-3

Ⅰ.①西… Ⅱ.①梁… Ⅲ.①自动化技术 Ⅳ.
①TP

中国版本图书馆 CIP 数据核字（2018）第 241818 号

内容提要

本书从基础和实用的角度出发，系统地带领读者实践了西门子主流自动化产品。本书共十二章，分别阐述了 PLC 的基础知识、硬件系统、使用方法、编程与仿真、数据处理、程序结构、模拟量闭环控制、网络通讯，以及组态软件 WinCC 的使用、S7-1200/1500 PLC 及博途软件的使用、SINAMICS S120 变频器的基本使用等。

本书不但适合工程技术人员的培训学习，而且非常适合电气自动化相关专业的本科生及研究生的学习之用。

出 版 者：东北大学出版社
　　　　　地址：沈阳市和平区文化路三号巷 11 号
　　　　　邮编：110819
　　　　　电话：024-83687331(市场部)　83680267(社务部)
　　　　　传真：024-83680180(市场部)　83680265(社务部)
　　　　　网址：http://www.neupress.com
　　　　　E-mail：neuph@neupress.com
印 刷 者：沈阳市第二市政建设工程公司印刷厂
发 行 者：东北大学出版社
幅面尺寸：185mm×260mm
印　　张：14.5
字　　数：338 千字
出版时间：2018 年 10 月第 1 版
印刷时间：2018 年 10 月第 1 次印刷
策划编辑：刘凯峰
责任编辑：石玉玲
责任校对：刘　泉
封面设计：潘正一
责任出版：唐敏志

ISBN 978-7-5517-2024-3　　　　　　　　　　定　价：59.00 元

前　言

S7-300/400/1200/1500 PLC、WINCC 及 SINAMICS S120 变频器是西门子自动化中的主流产品。本书通过大量的案例对 S7-300/400/1200/1500 的硬件结构与硬件组态、编程软件的安装和使用、仿真、编程语言、指令、程序结构、通讯、WINCC 的组态方法、SINAMICS S120 的基本使用等做了介绍。

本书的随书光盘提供了西门子 PLC、WINCC、博途、变频器的相关中文用户手册及最新产品选型样本。

本书共分为 12 章。第 1 章概括了 PLC 的基础知识；第 2 章对西门子自动化产品进行了概述；第 3 章介绍了 S7-300/400 PLC 的硬件系统；第 4 章介绍了 S7-300/400 PLC 的使用方法；第 5 章讲解了 PLC 的编程和仿真；第 6 章讲解了 PLC 的数据处理；第 7 章讲解了 PLC 的程序结构；第 8 章讲解了 S7-300/400 PLC 的模拟量闭环控制；第 9 章介绍了西门子的工业网络通讯；第 10 章讲解了 WINCC 的组态方法；第 11 章介绍了 S7-1200/1500 PLC 及博途软件；第 12 章介绍了 SINAMICS S120 变频器。

本书第 1 章由贾旭编写；第 2，3 章由沈阳新松机器人自动化股份有限公司的崔峥编写；第 4，5，6，11，12 章由梁岩编写；第 7 章由梁雪编写；第 8 章由张羽编写；第 9 章由大连东软信息学院的孙艳编写；第 10 章由辽宁医药职业学院的赵旭编写。本书也得到了国家自然科学基金创新研究群体项目（71621061）的支持，在这里一并表示感谢。全书由东北大学钱晓龙教授主审。

因作者水平有限，书中难免存在错漏之处，恳请读者批评指正。

作者 E-mail：liangyan@ise.neu.edu.cn

编著者于东北大学

2018 年 8 月

目　　录

第 1 章　PLC 概述

1.1　PLC 的定义

根据国际电工委员会（IEC）对 PLC 的定义：

①PLC 又叫作可编程序控制器；

②它是一种专为在工业环境下应用而设计的数字运算操作电子系统；

③它可以通过编写控制程序实现逻辑运算、顺序控制、定时、计数和算术运算等功能；

④它通过数字式或模拟式的输入和输出，控制各种类型的机械或生产过程；

⑤可编程序控制器及其有关设备，都应按照易于使工业控制系统形成一个整体，易于扩充其功能的原则进行设计。

笔者认为 PLC 的定义可以概括为三个方面。

①PLC 是什么——是能够存储指令，并运用这些指令编写程序的电子系统。可以把这个电子系统理解为商用计算机、平板电脑或者手机，只不过这个电子系统的操作系统并不是 Windows、安卓或者 iOS。它有自己的操作系统，PLC 的操作系统有时被称作"固件"。更新或升级固件，就是更新或升级该操作系统。不过要注意的是，PLC 的操作系统和 PLC 的编程软件是两回事。拿手机来打比方，操作系统相当于手机的系统：安卓或者 iOS 系统，而编程软件则相当于安装在电脑上的"手机助手"软件；

②PLC 的功能——商用计算机、平板电脑或者手机都有各自的功能：看电影、打电话、发短信、聊微信、网购等，而 PLC 的功能是通过程序来控制各种类型的机械或生产过程；

③PLC 及其控制系统设计原则——容易与控制系统组成统一的整体，而且能够很容易地在原有控制系统中扩充功能。

【知识扩展 1】PLC 控制系统与继电器、计算机、单片机控制系统的区别

首先，是继电器控制。PLC 与继电器均可以用于开关量逻辑控制。PLC 的梯形图与继电器电路图都是用线圈和触点来表示逻辑关系的，有的厂家甚至将梯形图中的编程元件称为继电器，例如输入继电器等。

继电器控制系统的控制功能是用硬件继电器（或称物理继电器）和硬件接线实现的，PLC 的控制功能主要是用软件（即程序）实现的。

PLC 采用计算机技术，具有顺序控制、定时、计数、运动控制、数据处理、闭环控制和通讯联网等功能，比继电器控制系统的功能强大得多。

继电器系统的可靠性差，诊断与排除复杂的继电器系统的故障非常困难。梯形图程序中的输出继电器等是一种"软继电器"，它们的功能是用软件实现的，因此没有硬件继电器那样的触点，易发生接触不良的缺点。PLC 的可靠性高，故障率极低，并且很容易诊断和排除故障。

继电器控制的功能被固定在线路中，其功能单一，灵活性差，修改控制逻辑时非常麻烦，稍不留意，还容易弄错。所以，在低压电路中，现在只有简单的逻辑才会采用继电器控制。

其次，是计算机控制。工业控制上使用的计算机（PC）称为工业控制计算机，简称为工控机（IPC）。工控机是在个人计算机基础上发展起来的，采用总线式结构，硬件的兼容性较强。IPC 有各种各样的输入/输出板卡供用户选用，有很强的高速浮点数运算、图像处理、通讯和人机交互等功能，容易实现管理控制网络的一体化。

在环境良好的控制室和要求不高的情况下，可以用市售的普通 PC 代替工控机。

目前已有多家厂商推出了在 PC 上运行、可以实现 PLC 功能的软件包，将人机接口、软逻辑控制和 Internet 功能集成到一起，实现了所谓"软 PLC"功能。比如，西门子公司的 WinAC、罗克韦尔公司的 SoftLogix 等。

从历史的发展来看，PLC 是由继电器逻辑控制发展而来的，所以它在开关量处理、顺序控制等方面具有一定的优势，发展初期主要侧重于开关量顺序控制。虽然功能不断增强，但主要的应用领域还是以顺序控制为主的开关量逻辑控制。PLC 的体积小巧紧凑，硬件和操作系统的可靠性总体上比工控机的可靠性高。工控机则来源于个人计算机，主要用于过程控制，或用作控制系统中的上位机和人机接口。

而从自动化工程师的角度讲，PLC 的主要编程语言——梯形图语言——简单易学，且易于维护。而计算机的编程语言——C 语言、C++、C#、VB 等——相较于梯形图语言，学习的难度要大得多。

最后，是单片机控制。单片机将 CPU、并行输入/输出接口、定时器/计数器、存储器和通讯接口集成在一个芯片中，最便宜的 8 位单片机芯片售价仅为几元钱，其功能强、响应速度快、性价比极高。但是除了单片机芯片外，单片机用于控制还需要附加其他芯片和电路元件，需要设计硬件电路图和印制电路板（PCB 板）。单片机一般用汇编语言或 C 语言编程，编程时需要了解单片机内部的硬件结构。将单片机用于工业控制，对开发人员的硬件设计水平和软件设计水平的要求都很高。此外，用单片机设计测控产品需要采用大量的硬件、软件方面的抗干扰措施，才能保证长期稳定可靠的运行。有的专业公司开发的单片机产品的可靠性都很难达到 PLC 的水平。

由于上述原因，使用单片机的专用测控装置都由专业厂家来开发，现在很少有最终用户自己开发单件或小批量的单片机测控装置。

1.2　PLC 的应用领域

随着微电子技术的快速发展，PLC 的制造成本不断下降，而功能却大大增强。目前，PLC 已成为工业控制的标准设备，它可以应用于所有工业领域，并且已经扩展到商业、农业、民用、智能建筑等领域。概括起来，主要应用在以下 5 个方面。

（1）开关量的逻辑控制

开关量逻辑控制是工业控制中应用最多的控制，PLC 的输入和输出信号都是通/断的开关信号。控制的 I/O 点数可以不受限制，从十几个点到成千上万个点，均可通过扩展实现。在开关量的逻辑控制中，PLC 是继电器控制系统的替代产品。

用 PLC 进行开关量控制的系统遍及许多行业，如机床电气控制、电动机控制、电梯运行控制、高炉上料、汽车装配线、啤酒灌装生产线等。

（2）模拟量控制

PLC 能够实现对模拟量的控制，使用闭环控制（PID）后，可对温度、压力、流量、液位等连续变化的模拟量进行闭环过程控制，如对锅炉、冷冻机、水处理设备、酿酒装置等的控制。

（3）机械运动控制

PLC 可采用专用的运动控制模块，对伺服电动机和步进电动机的速度与位置进行控制，以实现对各种机械的运动控制，如对包装机械、普通金属切削机床、数控机床以及工业机器人等的控制。

（4）数据处理

现代 PLC 具有数字运算（含矩阵运算、函数运算、逻辑运算）、数据传送、数据转换、排序、查表、位操作等功能，可以完成数据的采集、分析及处理。这些数据可以与存储在存储器中的参考值比较，完成一定的控制操作。也可以利用通讯功能传送到别的智能装置，或将它们打印制表。数据处理一般用于大型控制系统，如无人控制的柔性制造系统，也可用于过程控制系统，如造纸、冶金、食品工业中的一些大型控制。

（5）通讯、联网及集散控制

PLC 通过网络通讯模块及远程 I/O 控制模块，可实现 PLC 与 PLC 之间的通讯、联网，以及与上位计算机之间的通讯、联网；实现 PLC 分散控制、计算机集中管理的集散控制（又称分布式控制）模式，从而组成多级控制系统，增加系统的控制规模，甚至可以使整个工厂实现生产自动化。

【知识扩展 2】PLC 发展历史

从 1969 年开始至今，PLC 已经发展了 4 代产品，具体如下。

第一代，1969—1972 年，由中小规模集成电路组成，存储器为磁芯存储。其功能也比较单一，仅能实现逻辑运算、定时、计数等功能。

第二代，1973—1975 年，这个时期产品已开始使用微处理器作为 CPU，存储器采用半导体存储器。其功能上有所增加，能够实现数字运算、传送、比较等功能，并初步具备自诊断功能，可靠性有一定提高。

第三代，1976—1983 年，这个时期，PLC 进入了大发展阶段，美、日、德等国都有数个厂家生产 PLC。这个时期的产品采用 8 位和 16 位微处理器作为 CPU，部分产品还采用了多微处理器结构。其功能显著增强，速度大大提高，并能进行多种复杂的数学运算，具备完善的通讯功能和较强的远程 I/O 能力，具有较强的自诊断功能并采用了容错技术。如西门子公司的 SIMATIC S5 系列 PLC。

第四代，1984 年至今，全面使用 16 位、32 位高性能微处理器，而且在一台 PLC 中配置多个微处理器。并推出了大量内含微处理器的智能模板，使 PLC 成为具有逻辑控制功能、过程控制功能、运动控制功能、数据处理功能、联网通讯功能的真正名副其实的多功能产品。其代表产品有：

西门子公司的 S7 系列 PLC；

欧姆龙公司的 CP1 系列、CJ1 系列、CJ2 系列、CS1 系列及 NJ 系列 PLC；

罗克韦尔公司的 MicroLogix 系列、SLC500 系列、ControlLogix 系列、CompactLogix 系列 PLC；

施耐德公司的 Quantum PLC；

三菱公司的 FX 系列、Q 系列、R 系列 PLC；

通用电气公司的 GE-Fanuc 系列 PLC 等。

1.3 PLC 系统的组成及作用

PLC 系统主要由 3 部分组成：CPU、输入和输出。

（1）CPU 部分

CPU 部分主要由微处理器（CPU 芯片）和存储器组成。在 PLC 控制系统中（图 1-1）CPU 模块相当于人的大脑，它不断地采集输入信号，执行用户程序，刷新系统的输出；存储器用来储存程序和数据。

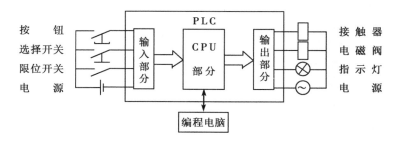

图 1-1 PLC 系统示意图

（2）输入部分

输入（input）部分和输出（output）部分简称为 I/O，它们是系统的眼、耳、鼻、手、脚，是联系外部现场和 CPU 部分的桥梁。开关量输入（简称 DI）模块用来接收和采集从按钮、选择开关、数字拨码开关、限位开关、接近开关、光电开关、压力继电器或其他 DO 等送来的开关量输入信号；模拟量输入（简称 AI）模块用来采集电位器、各种变送器、热电偶、热电阻或其他 AO 等提供的连续变化的模拟量输入信号。

（3）输出部分

PLC 通过开关量输出（简称 DO）模块控制接触器、电磁阀、电磁铁、指示灯、数字显示装置、报警装置等输出设备，也可以将开关量状态输出给其他设备的 DI。模拟量输出（简称 AO）模块用来将 PLC 内的数字转换为成线性的标准电流或电压信号，可用来控制电动调节阀、变频器等执行器，也可以将模拟量信号输出至其他设备的 AI。

注：连接 I/O 时，请注意电源的类型、电压等级等因素，以免损坏器件。

CPU 模块的工作电压一般是 5V，而 PLC 的输入/输出信号的电压一般较高，例如直流 24V 和交流 220V。从外部引入的尖峰电压和干扰噪声可能损坏 CPU 模块中的元器件，或使 PLC 不能正常工作。在 I/O 模块中，用光耦合器、光控晶闸管、小型继电器等器件来隔离外部输入电路和负载，I/O 模块除了传递信号外，还有电平转换与隔离的作用。

对于整体式 PLC，CPU 与输入/输出这三部分在出厂时就被制作在一起，例如 S7-200、S7-200 smart 或 S7-1200，即整体式 PLC 会自带一部分 I/O。但当整体式 PLC 自带的 I/O 点数不够用时，也可以通过扩展使它能够操作更多的 I/O 点。其价格相对低廉，功能也相对简单，主要应用于中小型控制系统。对于模块式 PLC，CPU、输入和输出部分被制作成不同的模块，如 S7-300/400 或 S7-1500。其功能及性能更强大，便于设计和维护，主要应用于大中型控制系统。

编程电脑通过编程软件来生成、编辑和检查用户程序，并可以用来监视用户程序的执行情况。程序可以存储或打印，通过网络，还可以实现远程编程。

1.4　练习

①PLC 能完成哪些工作？

②什么是 PLC 的 DI？哪些器件可以将信号传送给 PLC 的 DI？什么是 PLC 的 DO？PLC 的 DO 可以通过信号控制哪些器件？什么是 PLC 的 AI？哪些器件可以将信号传送给 PLC 的 AI？什么是 PLC 的 AO？PLC 的 AO 可以通过信号控制哪些器件？

第 2 章 SIMATIC 自动化系统概述

2.1 全集成自动化

TIA（totally integrated automation）是西门子自动化与驱动集团于 1997 年提出的"全集成自动化"。

全集成自动化立足于一种新的概念以实现工业自动化控制任务，解决现有的系统瓶颈。它将所有的设备和系统都完整地嵌入一个彻底的自动控制解决方案中，采用统一数据管理、统一的组态和编程及统一的通讯，实现从自动化系统及驱动技术到现场设备整个产品范围的高度集成。

（1）统一的数据管理

TIA 技术采用全局共享的统一数据库，西门子各工业软件都从这个数据库中获取数据，这种统一的数据管理机制使得所有的系统信息都存储于一个数据库中，而且每个变量仅需创建一次。这样可以避免因重复创建变量，而可能出现的变量名称输入错误或变量对应错误等情况。

（2）统一的组态和编程

在 TIA 中，所有的西门子工业软件都可以相互配合，实现了高度的统一与集成。由于组态和编程工具也是统一的，故只需从软件的项目树中选择相应的项，便可对控制器、HMI、变频器及伺服驱动器等进行组态和编程。

（3）统一的通讯

TIA 采用统一的集成通讯技术，使用国际通行的开放的通讯标准，例如 Profinet、Profibus、AS-i 等。TIA 支持基于互联网的全球信息流动，用户可以通过传统的浏览器访问控制信息。这样可以确保生产控制过程中采集的实时数据及时、准确、可靠、无间隙地与执行制造系统（MES）保持通讯。

TIA 主要是依托软件来实现的，它经历了两代产品。第一代是 Step7（V5.x）、WinCC 6.x 或 7.x、WinCC Flexible 200x、DriveES 等软件组成的 TIA。这一代的集成需要进行手动的设置才能实现，否则上述软件将各自为战。如图 2-1，为 Step7 v5.5 中集成 WinCC 站、HMI、变频器 MM440 及伺服驱动器后的项目树。可以看到这些设备都集成到 Step7 中，但是在第一代 TIA 中，WinCC 的画面、HMI 的画面、变频器和伺服驱动器的参数等，并不是在 Step7 中设定的，它们仍需要在各自的软件平台中设定。如果想编辑图 2-1 中的项目，编程电脑上需要安装 Step7（V5.x）、WinCC、WinCC Flexible 200x、Starter 等软件，否则将会出现图 2-2 中"软件包丢失"的提示。

第二代 TIA 是集成度更高的 TIA，使用的软件是 TIA 博途（TIA Portal）软件。这个

图 2-1　集成了变频器、触摸屏、WinCC 的 Step7 v5.5 项目

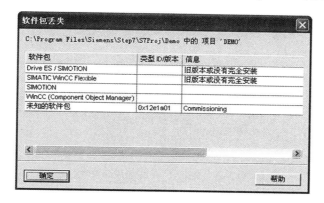

图 2-2　在未安装 WinCC、WinCC Flexible、Starter 等软件的计算机上打开图 2-1 中的项目

软件使得 TIA 在一个软件平台上得以实现，然而如此做法的弊端是其占用的计算机资源过多。不过，相信随着计算机的不断发展，这个弊端会逐渐消失，第二代的 TIA 终将替代第一代。

2.2　SIMATIC 自动化控制系统的组成

SIMATIC 是 "Siemens Automatic"（西门子自动化）的缩写，SIMATIC 自动化系统由一系列部件组合而成，PLC 是其中的核心设备。

2.2.1　SIMATIC PLC

（1）S7 系列

S7 系列是传统意义的 PLC 产品，其中的 S7-200 是针对低性能要求的紧凑的微型 PLC，适合应用于小型自动化设备的控制装置，其编程软件为 Step7-Micro/WIN。S7-300 是模块式 PLC，能满足中等性能要求的应用。S7-400 是具有中高档性能的 PLC，采用模块化无风扇设计，坚固耐用，易于扩展，通讯功能强大，适用于可靠性要求极高的大型复杂控制系统。S7-300 和 S7-400 PLC 使用的软件是 STEP7 V5.x。

关于 S7-1200/1500 PLC 的介绍，请见第 11 章。

（2）WinAC 系列

WinAC 在 PC（个人计算机）上实现了 PLC 的功能，突破了传统 PLC 开放性差、硬件昂贵、开发周期长、升级困难等束缚，可以实现控制、数据处理、通讯、人机界面等功能。WinAC 有基本型（软件 PLC）、实时型和插槽型。WinAC 具有良好的开放性和灵活性，可以方便地集成第三方的软件和硬件，例如运动控制卡、快速 I/O 卡或控制算法等。WinAC 系统的组成示意见图 2-3。

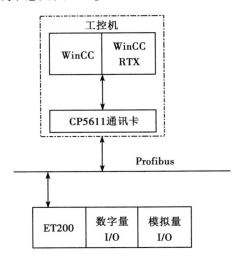

图 2-3 WinAC 系统组成示意图

2.2.2 SIMATIC DP 分布式 I/O

DP 是现场总线 Profibus-DP 的简称，ET 200 分布式 I/O 可以安装在远离 PLC 的地方，通过 Profibus-DP 总线系统实现 PLC 与分布式 I/O 之间的通讯。分布式 I/O 可以减少大量的 I/O 接线。集成了 DP 接口的 CPU 或 CP（通讯处理器）可以作 DP 网络中的主站。

2.2.3 PROFINET IO 系统中的分布式 I/O

PROFINET 系统由 IO 控制器和 IO 设备组成，它们通过工业以太网互联。集成有 PROFINET 接口的 CPU（例如 CPU 317-2PN/DP）和通讯处理器（例如 CP 343-1）可以作 PROFINET IO 控制器。IO 控制器与它的 IO 设备之间进行循环数据交换。

2.2.4 SIMATIC HMI

HMI 是 human-machine interface 的缩写，意为"人机接口"，也叫"人机界面"。用于实现操作和监控、显示事件信息和故障信息、配方、数据记录等功能。

2.2.5 SIMATIC NET

SIMATIC NET 将控制系统中所有的站点连接在一起，可以确保站点之间的可靠通讯。符合通讯标准的非 SIMATIC 设备也可以集成到 SIMATIC NET 中去。

2.2.6 标准工具 Step7

SIMATIC 标准工具 Step7 用于对所有的 SIMATIC 部件（包括 PLC、远程 I/O、HMI、

驱动装置和通讯网络等）进行硬件组态和通讯连接组态、参数设置和编程。STEP7 还有测试、启动、维护、文件建档、运行和诊断等功能。Step7 中的 SIMATIC Manager（西门子自动化管理器）用于管理自动化数据和软件等工具。它将自动化项目中的所有数据都保存在一个项目文件夹内。

2.3　练习

①全集成自动化 TIA 的特点有哪些？
②S7-300/400/1200/1500 PLC 的特点都有哪些？

第3章 S7-300/400 硬件系统

3.1 S7-300/400 PLC 概况

SIMATIC S7-300 是一种通用型 PLC，满足中、小规模的控制要求，适用于自动化工程中的各种场合，尤其是在生产制造工程中的应用。模块化、无排风扇结构、易于实现分布式的配置及用户易于掌握等特点，使得 S7-300 在工业生产中实施各种控制任务时，成为一种既经济又切合实际的解决方案。

SIMATIC S7-400 是用于中、高档性能范围的 PLC。S7-400 同样具有无风扇的设计、坚固耐用、容易扩展和广泛的通讯能力、容易实现的分布式结构等特点。此外，S7-400 的 CPU 性能更为强大，系统资源的裕量更大，通讯能力更强，性能更加可靠稳定。

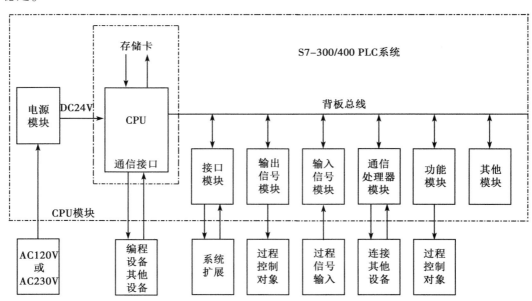

图 3-1 S7-300/400 系统模块示意图

S7-300/400 系统采用模块化结构设计，一个系统包括：电源模块（PS）、中央处理单元（CPU）、信号模块（SM）、功能模块（FM）、接口模块（IM）和通讯模块（CP）。S7-300/400 系统模块示意图如图 3-1 所示。S7-300 背板总线集成在各模块上，S7-400 背板总线集成在机架上，通过将总线连接器插在模块机壳的背后，使背板总线联成一体。背板总线由两类总线组成：用于快速交换输入/输出信号的 I/O 总线（P 总

线），以及用于较大数据量交换的通讯总线（K 总线）。

3.2　机架

3.2.1　S7-300 机架

机架（rack），用于安装和连接 PLC 系统的所有模块。

S7-300 系列 PLC 的机架是一种 DIN 标准导轨，如图 3-2 所示。机架中没有背板总线，背板总线集成在模块上，通过模块背面总线连接器将各个模块逐个连接。除了电源、CPU 和接口模块外，每个机架上最多只能安装 8 个信号模块或功能模块。每个模块只占用一个槽号。

图 3-2　S7-300 机架

S7-300 系列 PLC 的机架有 160，482，530，830，2000mm 五种长度的型号，机架的选型由所使用的模块的总宽度决定，也可以根据实际需要将其自行切割成任意尺寸。

S7-300 系列 PLC 的机架按功能分为中央机架和扩展机架，一个 S7-300 站最多可使用 1 个中央机架和 3 个扩展机架，它们通过接口模块（IM）相连接。

3.2.2　S7-400 机架

S7-400 系列 PLC 的机架，如图 3-3 所示，带有背板总线，按槽数可分为 4 槽机架、9 槽机架和 18 槽机架。模块的宽度决定占用机架的槽数，如 10A 电源模块需要占用两个槽。S7-400 系列 PLC 机架按功能分为中央机架（CR）、扩展机架（ER）、通用机架（UR）和特殊机架。

图 3-3　S7-400 机架

（1）中央机架

用于中央扩展的主机架，机架带有 K 总线（串行通讯总线）和 P 总线（并行 I/O 总线），可以插入 FM（功能模块）和 CP（通讯处理器）等需要 K 总线通讯的模块。

（2）扩展机架

用于中央扩展，扩展机架与中央机架结合使用，一个主机架通过接口模块可以带有多个扩展机架，扩展机架只带有 P 总线，因此只能安装输入、输出信号模块，不能插入需要 K 总线通讯的 FM 和 CP 模块。

（3）通用机架

通用机架带有 K 总线和 P 总线，既可以作为中央机架也可以作为扩展机架使用，这样可以在扩展机架上插入 FM 和 CP 模块。与中央机架和扩展机架相比，模块在通用机架上的安装没有槽位的限制，使用灵活，但价格略高。

（4）特殊机架

有一些机架具有特殊功能，如 UR2-H18 槽机架，在机架中央处物理分开，适合将 S7-400H 冗余系统中两个 CPU 插入同一机架上的紧凑型安装，也可以选择通用型机架，将冗余 CPU 分开；CR2 18 槽中央机架，分为两段（10+8），可以使两个 S7-400 系列 PLC 站共用一个机架和电源，适合于两个 PLC 站的紧凑型安装。

3.3 电源模块

3.3.1 S7-300 电源模块

S7-300 系列 PLC 的电源模块（power supply，PS），将电源电压转换为 DC 24V 工作电压，为 CPU 和外围控制电路甚至负载提供可靠的电源。输出电流有 2，5，10A 三种。电源模块不仅可以单个供电，也可并联冗余扩充系统容量，进一步提高系统的可靠性。CPU 和扩展接口模块将 24V 电源转换为 5V 电源，给背板总线供电，通过背板总线，CPU 监控所有与背板总线连接的接口模块。

模块的输入和输出之间有可靠隔离。模块上有 LED 指示灯来指示电源状态。输出电压为 24V，绿色 LED 灯亮；输出过载时 LED 灯闪烁；输出电流大于 13A 时，电压跌落，跌落后自动恢复。输出短路时输出电压消失，短路消失后电压自动恢复。

注意：电源模块安装在 DIN 导轨上的插槽 1，用电源连接器连接到 CPU 或 IM361。电源模块与背板总线之间没有连接，可以与 CPU 机架分离安装，但 CPU 不能对电源模块进行诊断。

CPU 和扩展接口模块后面最多可以连接 8 个模块，8 个模块消耗背板总线总的电流不能超过 CPU 和扩展接口模块输出电流。

3.3.2 S7-400 电源模块

S7-400 系列 PLC 的电源模块，用于将 AC 或 DC 网络电压转换为所需的 DC5V 和 DC24V 工作电压，不给信号模块提供负载电压。输入电流可以选择 AC120/230V 或 DC24V。工作电压为 DC5V 时，输出电流为 4，10，20A；工作电压为 DC24V 时，输出电流为 0.5，1A。电源模块可提供 85~264V 的网络电压和 19.2~300V 的 DC 电压。所有模块上消耗的电流总数不能超出电源模块的输出容量。与 S7-300 系列 PLC 的电源模块不同的是，S7-400 系列 PLC 的电源模块必须安装在机架背板上。所以，电源与 CPU 机架不能分离，但 CPU 可以对电源模块的状态进行诊断。S7-400 的电源模块有一个电池舱，可容纳一块或两块备用电池。如果安装了备用电池，即使断电，CPU 中的程序和数据也不会丢失。

PS407 电源模块为大范围电源，通过 AC 电源插座可连接 AC 85~264V 的线路电压或 DC 88~300V 的线路电压。PS405 电源模块为 DC 电源，可连接 DC 19.2~72V 的线路电压。

S7-400 系列的电源模块分为标准型和冗余型两种。一个机架上可以安装一个标准类型电源或两个冗余型电源。选用冗余型电源时，每个电源模块在另一个电源模块失效时能够向整个机架供电，两者互为备份，系统运行不受影响。

3.4　CPU 模块

3.4.1　S7-300 CPU 模块

S7-300 系列 PLC 有许多不同型号的 CPU，不同类型的 CPU 具有不同的技术规范和性能参数。每种 CPU 都对应一个型号，型号的含义如图 3-4 所示。

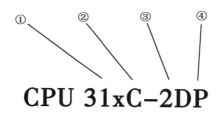

图 3-4　CPU 型号示意图

①31x：表示 CPU 序号，由低到高功能逐渐增强。

②该位表示 CPU 的类型，C 表示紧凑型，T 表示技术功能型，F 表示故障安全型，无此字母的表示标准型。

③该位表示 CPU 所具有的通讯接口的个数。

④该位表示通讯接口类型，DP 表示 PROFIBUS DP 接口，PN 表示 PROFINET 接口，PtP 表示点对点接口。

CPU 技术指标主要包括 CPU 的内存空间、计算速度、通讯资源和编程资源（如定时器的个数）等。表 3-1 为其模块面板 LED 状态与意义。

表 3-1　　　　　　　　　　　S7-300 CPU 模块面板 LED 状态与意义

状态	意义
SF（系统错误/故障显示，红色）	CPU 硬件故障或软件错误时亮
BF（总线错误，红色）	通讯接口或总线有硬件故障或软件故障时亮
DC 5V（+5V 电源指示，绿色）	CPU 和 S7-300 总线的 5V 电源正常时亮
FRCE（强制，黄色）	至少有一个 I/O 点被强制时亮，正常运行时应取消全部强制

续表 3-1

状态	意义
RUN（运行模式，绿色）	CPU 处于 RUN 模式时亮；启动期间以 2Hz 的频率闪亮；HOLD（保持）状态时以 0.5Hz 频率闪亮
STOP（停止模式，黄色）	CPU 处于 STOP、HOLD 状态或重新启动时常亮；请求存储复位时以 0.5Hz 的频率闪动，正在执行存储器复位时以 2Hz 的频率闪动
LINK LED	PROFINET 接口的连接处于激活状态时亮
RX/TX LED	PROFINET 接口正在接收/发送数据时亮

CPU 的模式选择和启动类型请参考 4.5 节。

S7-300 的 CPU 模块分为紧凑型、标准型、技术功能型和故障安全型，如表 3-2 所示。

表 3-2　　　　　　　　　　　　　　　PLC CPU 分类

类型	代表型号	说明
紧凑型	312C、313C、314C-2DP 等	CPU 集成高速计数器、简单定位和脉冲输出功能，适用于中小型设备，S7-400 不具有集成的特殊功能
标准型	312、314、315-2DP 等	实现计算、逻辑处理、定时、通讯等 CPU 基本功能
技术功能型	315T-2DP、317T-2DP	执行指令速度快，对于运算有很高的处理速度，有准确的单轴定位功能，还可用于复杂的同步运动控制
故障安全型	315F-2DP、317F-2DP	在发生故障时，确保控制系统切换到安全的模式（典型为停止状态）。在 F-CPU 中，对用户程序编码进行可靠性校验，F（故障安全）系统为一独立的控制系统，除 CPU 具有故障安全功能外，输入、输出模块及 PROFIBUS 通讯都要具有故障安全功能

3.4.2　S7-400 CPU 模块

S7-400 系列 CPU 不仅在内存空间、运算速度、中断功能、内部编程资源和通讯资源等方面优于 S7-300 系列 CPU，而且还具有冗余结构以适用于对于容错和可靠性要求较高的场合，如 S7-400H。与 S7-300 系列的 CPU 相比，S7-400 系列 CPU 具有更大的存储器和更多的 I/Q/M/T/C 地址、块的长度可达 64Kb 且 DB 增加 1 倍、全启动和再启动、启动时比较参考配置和实际配置、可以带电移动模块、过程映像区有多个部分、OB 的优先级可以设定、循环中断硬件中断和日时钟中断支持多个 OB、块的嵌套可达 16 层、每个执行层的 L Stack 可以选择、具有 4 个累加器、可以多 CPU 运行等。

S7-400 系列 CPU 内的元件封装在一个牢固而紧凑的塑料机壳内，面板上有状态和故障指示灯 LED、方式选择钥匙开关和通讯接口。表 3-3 为其 LED 指示灯的状态及意义。

表 3-3　　　　　　　　　　　　　　　　LED 指示灯状态及意义

LED 指示灯	状　态	意　义
INTF	红色	内部故障
EXTF	红色	外部故障
FRCE	黄色	Force 命令已激活
MAINT	黄色	维护请求待处理
RUN	绿色	RUN 模式
STOP	黄色	STOP 模式
BUS 1F	红色	MPI/PROFIBUS DP 接口 1 上的总线故障
BUS 2F	红色	PROFIBUS DP 接口 2 上的总线故障
MSTR	黄色	CPU 处理 I/O，仅用于 CPU41x-4H
REDF	红色	冗余错误，仅用于 CPU41x-4H
RACK0	黄色	CPU 在机架 0 中，仅用于 CPU41x-4H
RACK1	黄色	CPU 在机架 1 中，仅用于 CPU41x-4H
BUS SF	红色	PROFINET 接口处的总线故障
IFM1F	红色	接口模块 1 有故障
IFM2F	红色	接口模块 2 有故障

S7-400 系列 CPU 按照功能主要分为 3 种类型：标准型、故障安全型和冗余型。

（1）标准型 CPU

标准型 CPU 为 CPU 41x 系列，有 10 种型号，包括 CPU412-1、CPU412-2、CPU412-2PN、CPU414-2、CPU413-2、CPU414-3PN/DP、CPU416-2、CPU416-3、CPU416-3PN/DP、CPU417-4。

（2）故障安全型 CPU

故障安全型 CPU 包括 CPU414F-3PN/DP、CPU416F-2、CPU416F-3PN/DP，用于建立故障安全自动化系统，以满足生产和过程工业的高安全要求。CPU 模块安装 F 运行许可后，即可运行面向故障安全的 F 用户程序，构成 S7-400F 故障安全型 PLC 系统。故障安全型 CPU 主要技术参数与标准型 CPU 基本一致。

（3）冗余型 CPU

冗余型 CPU 包括 CPU412-3H、CPU414-4H、CPU417-4H，用于 S7-400H 容错式自动控制系统和 S7-400F/FH 安全型自动控制系统。冗余型 CPU 支持冗余功能，主CPU 故障后自动切换到备份 CPU 上继续运行。每个 CPU 模块均带有两个插槽，在安装同步模块后，即可构成 S7-400H 冗余型 PLC 系统。冗余型 CPU 主要技术参数与标准型CPU 基本一致。

3.5 信号模块

信号模块 (signal module, SM) 是 CPU 与控制设备之间的接口, 通过输入模块将输入信号传送到 CPU 进行计算和逻辑处理, 然后将逻辑结果和控制命令通过输出模块输出, 以达到控制设备的目的。S7-300 系列 PLC 与 S7-400 系列 PLC 信号模块功能相似。

(1) 数字量输入模块

数字量输入模块用来实现 PLC 与数字量过程信号的连接, 把从设备发送来的外部数字信号电平转换成 PLC 内部信号电平。

直流输入电路的延迟时间较短, 可以直接与接近开关、光电开关等电子输入装置连接, DC 24V 是一种安全电压。如果信号线不是很长, PLC 所处的物理环境较好, 应考虑优先选用 DC 24V 的输入模块。交流输入方式适合在有油雾、粉尘的恶劣环境下使用。

根据输入电流的流向, 可以将输入电路分为源型输入和漏型输入。

漏型输入的输入回路电流从模块的信号输入端流进来, 从模块内部输入电路的公共点 M 流出去。PNP 型集电极开路输出的传感器应接到漏型输入的数字量输入模块。

在源型输入的输入回路中, 电流从模块的信号输入端流出去, 从模块内部输入电路的公共点 M 流进来。NPN 型集电极开路输出的传感器应接到源型输入的数字量输入模块。

(2) 数字量输出模块

数字量输出模块用于驱动电磁阀、接触器、小功率电动机、灯和报警器等负载。数字量输出模块将内部信号电平转化为控制过程所需的外部信号电平, 同时有隔离和功率放大的作用。输出模块的功率放大元件有驱动直流负载的大功率晶体管和场效应晶体管、驱动交流负载的双向晶闸管或固态继电器, 以及既可以驱动交流负载又可以驱动直流负载的小型继电器。输出电流的额定值为 0.5~8A (与模块型号有关), 负载电源由外部现场提供。

图 3-5 是继电器输出电路, 某一输出点 Q 为 1 状态时, 梯形图中的线圈 "通电", 通过背板总线接口和光耦合器, 使模块中对应的微型继电器线圈通电, 其常开触点闭合, 使外部负载工作。输出点为 0 状态时, 梯形图中的线圈 "断电", 输出模块对应的微型继电器的线圈也断电, 其常开触点断开。

图 3-6 是固态继电器 (SSR) 输出电路, 框内的光敏双向晶闸管和框外的双向晶闸管等组成固态继电器。SSR 的输入功耗低, 输入信号电平与 CPU 内部的电平相同, 同时实现了隔离, 并且有一定的带负载能力。梯形图中输出点 Q 为 1 状态时, 其线圈 "通电", 使光敏晶闸管中的发光二极管点亮, 光敏双向晶闸管导通, 使另一个容量较大的双向晶闸管导通, 模块外部的负载得电工作。图 3-6 中的 RC 电路用来抑制晶闸管的关断过电压和外部的浪涌电压。这类模块只能用于交流负载, 其响应速度较快, 工作寿命长。

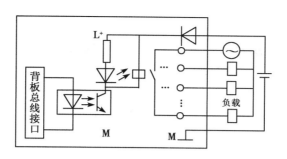

图 3-5　继电器输出模块电路

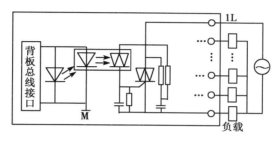

图 3-6　固态继电器输出模块电路

双向晶闸管由关断变为导通的延迟时间小于 1ms，由导通变为关断的最大延迟时间为 10ms（工频半周期）。如果因负载电流过小使晶闸管不能导通，可以在负载两端并联电阻。

图 3-7 是晶体管或场效应晶体管输出电路，只能驱动直流负载。输出信号经光耦合器送给输出元件，图中用一个带三角形符号的小方框表示输出元件。输出元件的饱和导通状态和截止状态相当于触点的接通和断开。

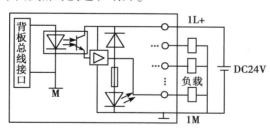

图 3-7　晶体管或场效应管输出模块电路

继电器输出模块的负载电压范围宽，导通压降小，承受瞬时过电压和瞬时过电流的能力较强，但是动作速度较慢，寿命（动作次数）有一定的限制。如果输出量的变化不是很频繁，建议优先选用继电器型的输出模块。

固态继电器型输出模块只能用于交流负载。晶体管型、场效应晶体管型输出模块只能用于直流负载，它们的可靠性高，响应速度快，寿命长，但是过载能力稍差。

在选择数字量输出模块时，应注意负载电压的种类和大小、工作频率和负载的类型（电阻性、电感性负载、机械负载或白炽灯）。除了每一点的输出电流外，还应注意每一组的最大输出电流。

（3）模拟量输入模块

模拟量输入模块将模拟量信号转换为内部数字信号用于 CPU 的计算，如阀门的开度信号，阀门从关到开输出为 0~10V，通过 A/D（模/数）转换器按线性关系转换为数字信号 0~27648，这样在 CPU 就可以计算出当前阀门的开度，采样的数值可以用于其他计算，也可以发送到人机接口用于阀门的开度显示。

模拟量输入模块可以连接不同类型的传感器信号，如电压、电流、电阻等信号，覆盖大多数的应用，如果信号特殊，必须通过变送器进行转换；模块通道的分组，如 8 个输入分 4 个通道，表明 2 个模拟量输入共用一个 A/D 转换器或测量参考点相互隔离；模拟量输入测量方式分为积分和逐次递进两种，前者的采样时间可以设置，分辨率高，但转换时间较长，通常为几十毫秒，后者分辨率低，但转换时间较短，通常为几十微秒。

CPU 只能以二进制形式处理模拟值。模拟值用一个二进制补码点数表示，宽度为 16 位，模拟值的符号总是在第 15 位。如果一个模拟量模块的分辨率少于 16 位，则模拟值将左移调整，然后才被保存在模块中。

不同量程范围的模拟量输入信号对应不同的测量值。电压信号、电流信号及电阻信号的测量值有一个共同的特点，单极性输入信号时，对应的测量范围为 0~27648，双极性输入信号时，对应的测量范围为 -27648~27648，超出测量范围上溢值为 32767、下溢值为 -32768（为了能够表示测量值超限，模拟值用一个二进制补码定点数表示，宽度为 16 位，带有信号位的 16 位分辨率输入信号正常范围为 -27648~27648，而不是 -32767~32767）。

为了减少电磁干扰，对于模拟信号应使用屏蔽电缆，并且电缆的屏蔽层应该两端接地。如果电缆两端存在电位差，将会在屏蔽层中产生等电位耦合电流，造成模拟信号的干扰。在这种情况下，应该让电缆的屏蔽层一端接地。

（4）模拟量输出模块

模拟量输出模块将内部数字信号转换为模拟量信号，并用于 CPU 输出控制，如控制阀门的开度，0~10V 为控制阀门从关到开，则对应内部数字信号 0~27648，这样 CPU 输出数值为 13824 时转换为 5V 信号，控制阀门的开度为 50%。

模拟量输出模块只有电压和电流信号。

3.6 功能模块

功能模块（function module，FM）可以实现某些特殊应用，这些应用可能单靠 CPU 无法实现或不容易实现。功能模块集成了处理器，可以独立处理与应用相关的功能。对于没有集成 I/O 点的 S7-300 CPU 而言，使用时除了扩展 I/O 模块外，还需扩展相应的功能模块。其功能模块简介如下。

（1）计数器模块

计数器模块的计数器为 32 位或 ±31 位加减计数器，可以判断脉冲的方向。有比较功能，达到比较值时，通过集成的数字量输出响应信号，或通过背板总线向 CPU 发出中断。可以 2 倍频和 4 倍频计数，4 倍频是指在两个互差 90° 的 A、B 相信号的上升沿、下降沿都计数。通过集成的数字量输入直接接收启动、停止计数器等数字量信号。模块可以给编码器供电。

（2）位置控制与位置检测模块

定位模块可以用编码器来测量位置，并向编码器供电，使用步进电动机的位置控制系统一般不需要位置测量。在定位控制系统中，定位模块控制步进电动机或伺服电动机的功率驱动器完成定位任务，用模块集成的数字量输出点来控制快速进给、慢速进给和运动方向等。根据与目标的距离，确定慢速进给或快速进给，定位完成后给 CPU 发出一个信号。定位模块的定位功能独立于用户程序。

（3）闭环控制模块

S7-300/400 有多种闭环控制模块，它们有自优化控制算法和 PID 算法，有的可使用模糊控制器。

（4）称重模块

SIWAREX U 是紧凑型电子秤，RS-232C 接口用于连接设置参数用的计算机，TTY 串行接口用于连接最多 4 台数字式远程显示器。SIWAREX M 是有校验能力的电子称重和配料单元，可以安装在易爆区域，还可以作为独立于 PLC 的现场仪器使用。

3.7　通讯模块

通讯模块称为通讯处理器（communication processor，CP）。它们提供与网络之间的物理连接，负责建立网络连接并通过网络进行数据通讯，提供 CPU 和用户程序所需的必要的通讯服务，还可以减轻 CPU 的通讯任务负荷。

用于 PROFIBUS 和工业以太网的 CP 模块可以使用可选软件包 NCM（Step7 软件包的一部分）进行组态，NCM 提供参数分配窗口和用于测试与调试的诊断窗口。所有其他的 CP 模块都提供必要的窗口，这些窗口是在安装过程中自动集成在 Hardware Configuration 中的。

根据所支持的通讯协议和服务的类型，通讯模块主要分为通讯处理模块、高速通讯处理模块、现场总线链接模块和以太网链接模块。不同的 PLC 通讯模块支持不同的通讯协议和服务，通讯模块选型时主要根据实际应用中所需的通讯协议和服务进行选择。

3.8　接口模块

接口模块用于 CPU 机架的扩展，如果在中央机架上安装一个接口模块作为发送器，则在扩展机架上必须安装一个接口模块作为接收器，发送器和接收器的使用必须匹配。不同类型的接口模块决定扩展机架的个数、最大扩展距离及扩展机架上安装模块的限制。

3.8.1　S7-300 接口模块

S7-300 系列的 PLC 有三种接口模块：IM360/IM361、IM365/IM365。IM360 和 IM361 配对使用，最多可配置 3 个扩展机架。IM360 与 IM361、IM361 与 IM361 间可以传送 P（I/O）总线和 K（通信）总线。所以扩展机架上模块安装没有限制，但每个接口模块需单独供电。

IM365 需配对使用，只能配置一个扩展机架。IM365 间只能传送 P 总线，不能传送 K 总线，所以在扩展机架上只能安装信号模块不能安装需要 K 总线的模块，如 FM 和 CP 模块，接口模块间可以传送电源，在扩展机架上 IM365 不需要单独供电。

3.8.2 S7-400 接口模块

与 S7-300 系列 PLC 的接口模块相比，S7-400 系列 PLC 的接口模块具有类型多、扩展功能强、扩展距离远的特点。用于连接中央控制器/扩展单元到扩展的 S7-400 结构中，有的 S7-400 系列 PLC 的扩展需要在扩展链的终端添加终端电阻；否则，CPU 将不能识别扩展机架。

IM460-0/IM461-0 带有通讯总线，但是没有电源传送，在每个扩展机架上需要安装电源模块，扩展机架上没有模块安装的限制；IM460-1、IM461-1 不带有通讯总线，但是具有电源传送功能，在扩展模块上不需要安装电源模块，在扩展机架上只能安装信号模块而不能安装需要 K 总线的模块，如 FM 和 CP 模块；IM460-3/IM461-3 带有通讯总线，但是没有电源传送，在每个扩展机架上需要安装电源模块，扩展机架上没有模块安装的限制；IM460-4/IM461-4 不带有通讯总线和电源传送，在每个扩展机架上需要安装电源模块，在扩展机架上只能安装信号模块而不能安装需要 K 总线的模块，如 FM 和 CP 模块。

3.9 宽温产品

西门子的宽温产品即 SIPLUS extreme，是建立在 SIMATIC 标准产品基础上的一种系列产品，它们可以满足严峻环境的使用要求，降低投资成本，可靠性高。这类模块适用于扩展的温度范围（水平安装：-25~60℃；垂直安装：-25~40℃），可以承受较强的振动和冲击，具有防冷凝、防腐蚀性气体等特性。

SIPLUS 模块可以分为 S7-300 系列、S7-400 系列和 SIPLUS DP 系列。

SIPLUS 模块的功能与相应的标准模块相同。由于 Step7 硬件目录中没有 SIPLUS 模块的组态，在组态时使用与 SIPLUS 模块具有相同功能的同一类型的模块组态，如 SIPLUS CPU 315-2DP，使用 CPU 315-2DP 进行组态。

对于需要扩展温度范围或是工作环境较为恶劣（腐蚀性环境）的应用，使用 SIPLUS 模块代替原有模块，具有模块化设计、成本低、可靠性高等优势。

3.10 ET 200 分布式 I/O

3.10.1 ET 200 分布式 I/O 简介

西门子 ET 200 是基于现场总线 PROFIBUS-DP 或 PROFINET 的分布式 I/O，可以与经过认证的非西门子公司生产的 PROFIBUS-DP 主站协同运行。在组态时，Step7 自动为 ET 200 分配 I/O 地址。对于 CPU 而言，就像访问主站主机架上的 I/O 模块一样，因此使用标准 DP 从站不会因为实现通讯而增加编程的工作量。

3.10.2　安装在控制柜内的 ET 200

（1）ET 200S

ET 200S 是一款防护等级为 IP20，具有丰富的信号模块，同时支持电动机启动器、变频器、PROFIBUS 和 PROFINET 网络的分布式 I/O 系统。适用于需要电动机启动器和安全装置的开关柜，尤其是需要体积小、系统比较分散的应用场合。ET 200S 可支持 64 个子模块，带有通讯功能的电动机启动器、集成的安全防护系统（适用于机床及重型机械行业）和集成光纤接口。ET 200S 如图 3-8 所示。

（2）ET 200M

ET 200M 是一款防护等级为 IP20 的高度模块化的多通道分布式 I/O 系统。它使用 S7-300 PLC 的信号模块、功能模块和通讯模块进行扩展，最多可扩展 8 或 12 个 S7-300 模块。可以连接 256 个 I/O 通道，具有支持 HART 协议的模块。通过配置有源背板总线模块，ET 200M 可以支持带电热插拔功能。由于模块种类众多，ET 200M 尤其适用于高密度且复杂的自动化任务，而且通过 IM153-2 接口模块能够在 S7-400H 及软冗余系统中应用。ET 200M 如图 3-9 所示。

ET 200M 户外型适用于野外应用，其温度范围可达-25~60℃。

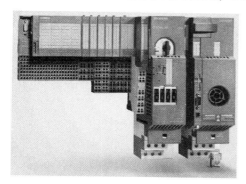

图 3-8　ET 200S

图 3-9　ET 200M

（3）ET 200L

ET 200L 是一款低成本的紧凑型数字量 I/O 设备，具有最多 32 个通道的数字量模块，适用于要求较少输入/输出点数或只有小安装空间的场合。模块可以安装在标准导轨上。ET 200L 如图 3-10 所示。

ET 200L 是整体式单元，不可扩展。

（4）ET 200iSP

ET 200iSP 是模块化的、本质安全的分布式 I/O 系统，适用于易燃易爆的区域。可直接安装在危险 1 和 2 区，可以连接来自最高危险 0 区的本质安全的传感器或执行器的信号。ET 200iSP 如图 3-11 所示。

ET 200iSP 具有简洁、模块化和面向功能的站点设计，可进行冗余配置，每个站点最多可扩展 32 个模块，所有模块可以带电热插拔。

图 3-10 ET 200L

图 3-11 ET 200iSP

3.10.3 不需要控制柜的 ET 200

ET 200pro 和 ET 200eco 有很高的保护等级，能适应恶劣的工业环境，可以直接安装在现场，用于没有控制柜的 I/O 系统。它们安装在一个坚固的玻璃纤维加强塑壳内，耐冲击和污物，不透水。

（1）ET 200pro

ET 200pro 是防护等级高达 IP 67 的多功能模块化分布式 I/O 系统，具有极高的抗震性能，用于无控制柜应用，专门适用于那些环境恶劣、安装控制柜困难的场合。ET 200pro 支持 PROFIBUS 和 PROFINET 现场总线，所有模块可以带电热插拔，具有包括通道级和模块级的丰富的诊断功能。可以连接模拟量、数字量、变频器、电动机启动器、RFID 及气动单元等模块，而且提供故障安全型模块，并可与标准模块混合使用，安全等级达到 4 类/SIL3 安全要求，使系统更具可用性。目前在汽车、钢铁、电力、物流等行业拥有广泛的应用前景。ET 200pro 如图 3-12 所示。

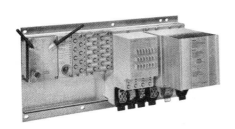

图 3-12 ET 200pro

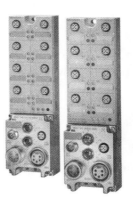

图 3-13 ET 200eco

（2）ET 200eco

ET 200eco 是一款防护等级高达 IP 67、无控制柜设计和经济型的分布式 I/O 系统，用于处理数字量输入输出信号，在安装空间有限或应用环境比较恶劣的场合具有广泛的应用前景。ET 200eco 支持 PROFIBUS DP 和 PROFINET 工业现场总线。ET 200eco 如图 3-13 所示。

3.11　练习

①S7-300/400 由哪些模块组成？

②S7-300/400 的电源模块如何进行选型？

③信号模块如何分类，选型依据有哪些？

④ET 200 分布式 I/O 系统分为哪几类，每种类型有什么特点？

第 4 章 S7-300/400 PLC 的使用

4.1 SIMATIC 软件的安装与授权

（1）SIMATIC 软件安装时的注意事项

①安装前需检查兼容性问题，兼容性问题请登录下面的网站进行查询，网址为：http：//www.siemens.com/kompatool。

②计算机系统最好是新做的，特别是安装 Step7 或 WinCC 时。

③安装西门子的某软件时，要关掉其他西门子的软件。

④安装包放置的路径不要太长，且路径中不要有中文存在，否则无法安装并提示"SSF 文件丢失"。

⑤安装过程中尽量不选择传送试用版授权（trial license），除非实在无其他授权可用。

（2）Automation license manager（自动化授权管理器）

使用 Step7 软件需要安装授权，授权类似一个"电子钥匙"，用来保护西门子公司和用户的利益。从 Step7 V5.3 版本起，许可证密钥通过安装在硬盘上的 automation license manager 进行传送、显示和删除许可证密钥。将软盘中的许可证密钥传送到某台计算机的硬盘就可以在该计算机上使用对应的 SIMATIC 软件。

选中图 4-1 窗口左侧的某个磁盘分区，可以在窗口右侧看到该分区内的许可证密

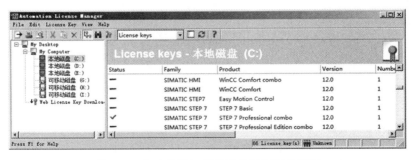

图 4-1 自动化授权管理器的授权汇总界面

钥。选中一个许可证密钥后，鼠标点击，可对该许可证进行剪切、删除、传送（可传送到其他盘符或软盘中）和检查（检查该许可证状态是否有效）等操作。

西门子软件产品提供下列不同类型的面向应用的用户许可证，见表 4-1。不同类型的许可证密钥可使软件具有不同的实际性能。

表 4-1　　　　　　　　　　　　　　　　　　许可证类型

许可证类型	描述
单独许可证 （single license）	对应的软件只能在单独的计算机上使用，使用时间不限
浮动许可证 （floating license）	许可证密钥安装在网络服务器上，同时只允许一台客户机使用，使用时间不限
试用许可证 （trial license）	对应的软件使用有下列限制： ● 最多 14 天的使用时间； ● 从第一次使用后的全部运行天数； ● 用于测试使用
升级许可证 （upgrade license）	当前系统的特定需求可能需要软件升级： ● 可以使用升级授权将老版本的软件升级到新版本； ● 由于系统处理数据量的增加，可能需要升级

安装完授权后，可按图 4-2 指示的路径查看授权是否成功。将图 4-2 的 A 处切换为"已安装软件"，B 处的每一行都是一个所需的授权。其中带有绿色对号的，代表着这一行对应的授权已成功安装；带有类似红色叹号的，代表着这一行对应的授权未安装或未成功安装。

图 4-2　自动化授权管理器的授权状态界面

4.2　虚拟机技术的使用

4.2.1　虚拟机技术概述

虚拟机技术是指操作系统、应用程序等软件在虚拟的硬件上运行。

应用虚拟机技术，不适合安装在同一个操作系统的软件可以安装在不同的虚拟机系统中。例如，可以将 SIMATIC 软件安装在一个虚拟机系统中，将罗克韦尔 PLC 软件安装在另一个虚拟机系统中，以免两种软件产生冲突，需要使用某一个软件时，启动相应的虚拟机系统即可；应用虚拟机技术，做好的虚拟机系统可以在本机或其他电脑的虚拟机运行平台上使用；应用虚拟机技术，计算机重装系统后，只需要安装虚拟机运行平台软件，便可以打开做好的虚拟机以使用里面的软件，而不必在计算机的新系统上重新安装这些软件。

目前比较流行的个人虚拟机运行平台有 VMware Workstation、Virtual PC 及 VirtualBox，而 VMware Workstation 是应用最广泛的。VMware Workstation 目前共有 13 个版本，目前的主流版本是 12 版和 14 版，这两个版本均可以安装在 64 位 Windows 的主机系统中。安装这两个版本后，虚拟机中可以使用 32 位或 64 位的系统。如需将 VMware Workstation 安装在 32 位的主机系统中，则要选择更低的版本，如 10 版、7 版等。

VMware Workstation 还具有读取本机的以太网、COM 端口、USB 端口等功能，使虚拟机能够进行现场设备的调试。

4.2.2　VMware Workstation 的基本使用方法

下面以 12 版的 VMware Workstation 为例，讲解其基本使用方法。

打开 VMware Workstation 软件，起始页如图 4-3 所示。如果需要自行创建虚拟机系统，请选择"创建新的虚拟机"；如果需要打开自己或者别人已经创建好的虚拟机，请选择"打开虚拟机"。

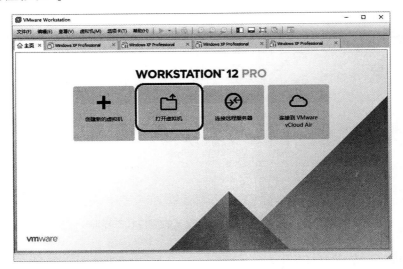

图 4-3　VMware Workstation 12 的起始页

如果想要使用已经做好的虚拟机系统，却不小心使虚拟机系统出现如图 4-4 所示的样子，说明可能点击了"创建新的虚拟机"，然后新建出了一个空白的虚拟机系统，所以其最后一行会显示"Operating System not found"（没有找到操作系统）。

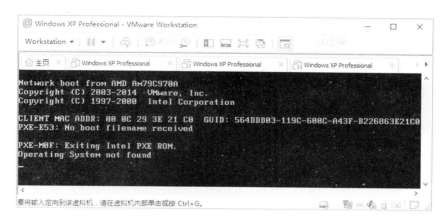

图 4-4　无操作系统的虚拟机

正确的操作是：在图 4-3 所示的起始页中选择"打开虚拟机"，然后在如图 4-5 所示的界面中找到虚拟机系统文件的存储位置，然后点击"打开"。

图 4-5　VMware Workstation 12 的"打开"窗口

点击"打开"后的界面见图 4-6。首次使用某虚拟机系统前，建议调整虚拟机系统的"内存"，这个"内存"是指虚拟机系统占用的实际物理内存。双击图 4-6 中内存对应的数值处，即可打开调整内存的界面。

注意：至少要保证这个内存值加上计算机操作系统（不是虚拟机系统）所需的运行内存值，小于等于计算机的物理内存值；否则，启动虚拟机时，由于其占用物理内存过大，将导致计算机的操作系统无法正常运行而"宕机"。对于安装有 Step7（非博途版）的虚拟机，内存为 512Mb 即可。

点击图 4-6 中的"开启此虚拟机"，正常情况下，虚拟机系统就可以启动了。如果此虚拟机系统是首次打开，会出现如图 4-7 的窗口。这是 VMware Workstation 在询问虚拟机系统是"移动"过来的，还是"复制"过来的，推荐选择"我已移动该虚拟机"，然后点击"确定"。

在虚拟机系统启动过程中，还有可能出现如图 4-8 所示的窗口。大意是无法连接到虚拟的软驱，这是由于我们的计算机上并没有安装软驱。如果不需要使用软驱，点击"否"，再次启动虚拟机系统时就不会出现这个提示窗口了。如果在虚拟机中确实需要使用软驱，就请给计算机连接一个软驱，图 4-8 也就不会出现了。

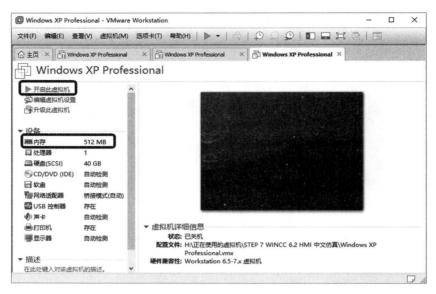

图 4-6　VMware Workstation 12 的"打开"窗口

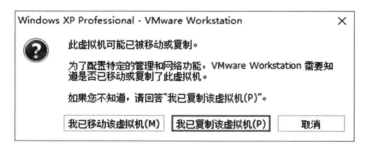

图 4-7　首次打开某虚拟机系统时出现的窗口

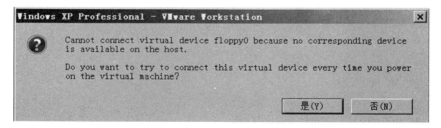

图 4-8　VMware Workstation 的软驱提示窗口

　　虚拟机系统启动之后便在里面出现了一个操作系统（当然，这一定是已经做好的虚拟机，否则打开的可能是一个没有操作系统的空白虚拟机），如图 4-9 所示。

　　下面介绍一下虚拟机系统的几个基本操作。

　　（1）全屏与取消全屏

　　虚拟机系统启动之后，如果不设置成全屏，那么有一部分操作界面将无法显示。在如图 4-9 所示的位置处点击"全屏"按钮，虚拟机系统即可全屏显示。

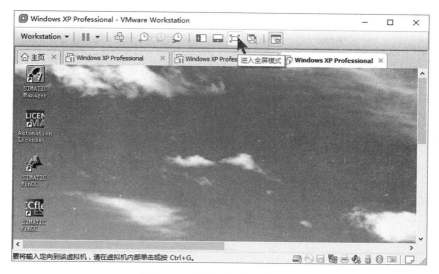

图 4-9　虚拟机启动后的窗口

需要退出虚拟机的全屏，而返回到计算机的操作系统时，可以在虚拟机系统中将鼠标放在屏幕的正上方，出现如图 4-10 所示的下拉框后，选择"退出全屏模式"即可。

图 4-10　全屏模式时虚拟机屏幕正上方的下拉框

（2）虚拟机系统的关闭

需要关闭虚拟机系统时，不要直接关闭 VMware Workstation 软件，而需要在虚拟机系统中正常关机，如图 4-11 所示。

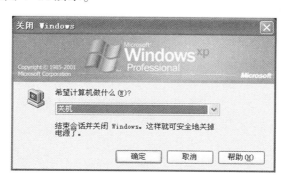

图 4-11　Windows XP 的关机窗口

（3）虚拟机系统的挂起

有时我们正在编程、仿真，软件打开了一大堆。如果突然有什么事情需要关闭计算机去处理，就不得不放弃数据、关闭软件、关机断电。等到处理完别的事情，再重新开机并将软件一个一个地打开，逐个恢复到离开前的状态。

如图 4-12，如果这些操作是在虚拟机系统中，就不必这么麻烦。虚拟机系统的

"挂起"功能,使虚拟机在几乎任何状态下,都可以暂时挂起。虚拟机系统的挂起相当于玩游戏时的存档退出。虚拟机系统挂起的基本原理是将虚拟机系统运行时生成在内存里的所有数据都存储到硬盘上(存储在虚拟机的文件夹中,例如本例中的虚拟机系统"Step7 WinCC 6.2 HMI 中文仿真"的文件夹中)。

所以如果之前虚拟机内存值设置得比较大,其挂起时所需的硬盘空间也就相应较大。当虚拟机文件夹所在的磁盘分区的剩余空间小于虚拟机的内存时,将无法挂起。例如,图4-6中所示的虚拟机文件夹存储在硬盘的 E 盘分区,分配给虚拟机的内存是512MB,那么如果想对此虚拟机系统进行挂起操作,则 E 盘的剩余空间一定要大于 512MB。

挂起状态下不可以修改虚拟机系统的内存值,只能在虚拟机系统关机的状态下修改。

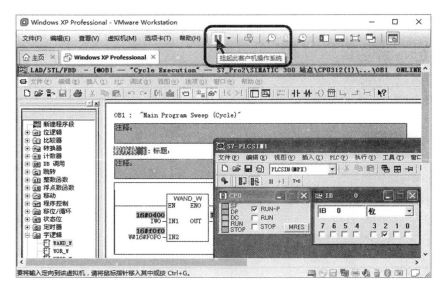

图 4-12　虚拟机的挂起

挂起后,系统会在挂起时自动截图,并显示在如图4-13中右侧的位置上。下次使用此虚拟机时,点击"继续运行此虚拟机"即可,如图4-13所示。

(4)虚拟机系统与其外部计算机系统的文件传递

如果需要将外部计算机系统的文件传递到虚拟机系统中,或是相反,将虚拟机系统中的文件传递到外部的计算机系统中,可以使用"拖拽"或"复制""粘贴"。

4.2.3　使用 VMware Workstation 连接 PLC 的必要步骤

如果在虚拟机系统中安装有相应版本的 PLC 软件(不仅仅指西门子 PLC 的软件),就可以使用虚拟机系统连接并调试 PLC 了。目前调试时常用的有 USB 接口、串行 COM 接口、以太网接口的编程电缆等。

下面分别介绍 VMware Workstation 配合这几种接口连接 PLC 时的必要步骤。

(1)USB 接口编程电缆

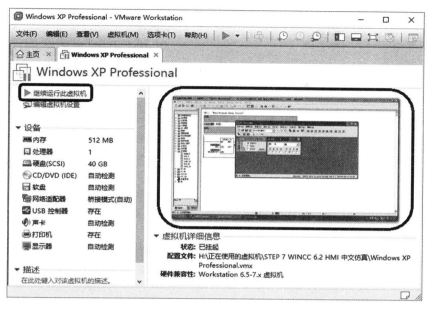

图 4-13　虚拟机挂起后的界面

　　将虚拟机系统退出全屏显示，然后，将 USB 编程电缆插入计算机的 USB 接口中。在 VMware Workstation 的右下方将会出现一个新的 U 盘图标，如图 4-14 所示，将鼠标放在这个 U 盘图标上，会出现插入的编程电缆的名字，图中所示为插入西门子的 PC 适配器编程电缆时，出现的名字："SIMATIC PC Adapter USB"。

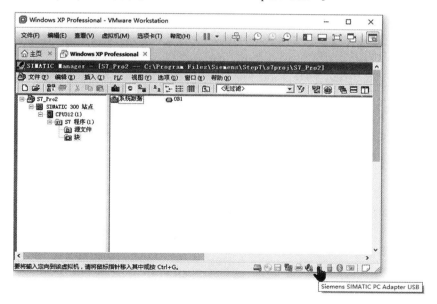

图 4-14　计算机插入 USB 编程电缆后虚拟机的变化

　　然后，在此 U 盘图标上点击鼠标右键，如图 4-15 所示。左键点击"连接（断开与主机的连接）"后，USB 编程电缆就"连接"到虚拟机系统中了。之后，使用虚拟机系统调试 PLC 的操作就与未使用虚拟机系统而使用普通的计算机调试的操作一样了。需要断开时，在此 U 盘图标上再次点击鼠标右键，信息将变为"断开与主机的连接"，左键点击即可断开。

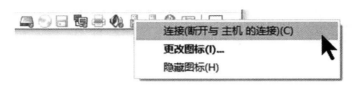

图 4-15　将插入计算机 USB 接口的编程电缆"连接"至虚拟机系统

（2）串行端口编程电缆（COM 口）

如果使用的编程电缆是九针串行端口类型（目前，一般的笔记本电脑上已无九针串行端口的接口，台式机仍有此接口），那么需要先在"虚拟机的设置"中，添加一个"串行端口"，然后将连接此串行端口的编程电缆"连接"至虚拟机系统。

添加"串行端口"的操作如图 4-6 及图 4-16～图 4-20 所示。首先在虚拟机系统关机的情况下在图 4-6 中选择"编辑虚拟机设置"，打开后出现图 4-16 所示的窗口，在这个窗口里选择"添加"，出现如图 4-17 所示的虚拟机"添加硬件向导"。

图 4-16　虚拟机的设置窗口

在添加硬件向导的硬件类型中选择"串行端口"，然后点击"下一步"，出现如图 4-18 所示"串行接口类型"的选择窗口。选择"使用主机上的物理串行端口"，然后点击"下一步"，出现如图 4-19 所示的"物理串行端口"的连接设备选择窗口。选择"自动检测"，然后点击"完成"即可。

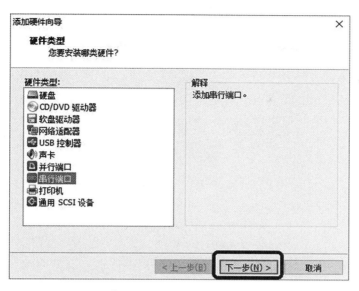

图 4-17　虚拟机的添加硬件向导——硬件类型

图 4-18　虚拟机的添加硬件向导
——串行接口类型

图 4-19　虚拟机的添加硬件向导
——物理串行接口

在硬件向导中添加完串行端口后，将带有串行端口的编程电缆连接至计算机，然后打开虚拟机，在 VMware Workstation 的右下方将会出现一个新的"串行端口"的图标，如图 4-20 所示。类似上述 USB 接口的连接，右键点击这个图标，然后选择"连接"即可将编程电缆连接至虚拟机系统。

图 4-20　VMware Workstation 中的串行端口状态图标

（3）RJ-45 接口的以太网

如果使用 RJ-45 接口的以太网（笔记本电脑和大部分工控机上的以太网接口都是

RJ-45 水晶头接口）作为编程电缆（如西门子的 Profinet、罗克韦尔的 Ethernet 等）。设置方法也类似 USB 编程电缆，在 VMware Workstation 的右下方找到"网络适配器"图标，如图 4-21 所示。用鼠标右键点击这个图标，选择"设置"，打开如图 4-22 所示的设置窗口，一般选择"桥接：直接连接到物理网络"，这样以太网就可以连接到虚拟机系统了。

图 4-21　虚拟机的网络适配器图标

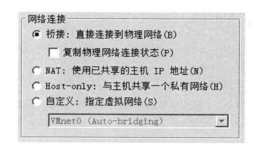

图 4-22　虚拟机的网络适配器设置

4.3　无程序 PLC 的使用方法

无程序的 PLC 通常是指新安装好的 PLC 或者是被删除组态信息和用户程序的 PLC，其具体使用步骤如下。

4.3.1　新建项目

PLC 是需要编程软件来进行编程的。不同厂商的 PLC 使用不同的编程软件，有时相同厂商的某些不同系列的 PLC 也采用不同的编程软件，比如：西门子的 S7-200 系列 PLC 使用 Step7 MicroWin 软件、S7-200 Smart 系列 PLC 使用的 Step7 MicroWin Smart、西门子 S7-1200/1500 系列 PLC 使用的 TIA 博途软件都和 S7-300/400 系列 PLC 的经典 Step7 软件不同。

通常，打开编程软件后，就像要输入一篇书稿首先要新建一个 Word 文档一样，无程序的 PLC 使用的第一步就是在编程软件中新建一个工程文件（Project）。

双击 Step7 编程软件的图标，打开 Step7。如图 4-23 所示，可以利用这个"Step7 向导"新建项目，它的优点是新建过程简便，但缺点是可选 CPU 的订货号有限。如果现场 CPU 的订货号在这里能找到，那么就可以使用向导的方式新建，否则最好用另一种"纯粹"的新建方式新建。如果使用"纯粹"的新建方式，需要首先关掉这个向导，然后按照图 4-24 所示新建项目。

图 4-23 Step7 的新建项目向导

选择"文件"→"新建"(图 4-24)。

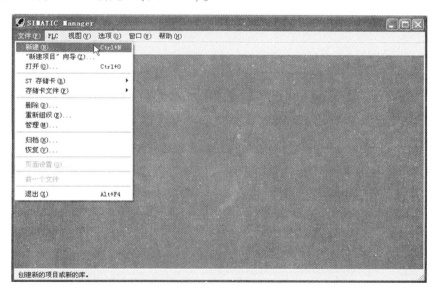

图 4-24 新建项目

然后输入项目的名称,名称最好符合项目的某些特征,如"Motor_control",如图 4-25 所示。

点击"确定"后,便进入到项目"Motor_control"的项目管理器中,这样就完成了项目的基本创建。

4.3.2 硬件组态

工程创建好以后,在编写程序之前,要进行硬件的组态。硬件组态的任务就是要通

图 4-25　输入项目的名称

过软件的设置及下载的方式"告诉"CPU，它都需要控制哪些模块，这些模块都在哪个框架的哪些槽位上及这些模块有什么属性等信息。

下面来看 Step7 如何进行硬件组态。

在项目名"Motor_control"处点击右键，选择"插入新对象"→"SIMATIC 300 站点"，如图 4-26 所示。

这里的"SIMATIC 300 站点"就是指 S7 - 300 的 PLC 系统，如果现场使用的是 S7-400 的 PLC 系统，则需要选择"SIMATIC 400 站点"。此外，"SIMATIC H 站点"指的是冗余的 PLC 系统，"PROFIBUS"指的是 PROFIBUS 网络，等等。

图 4-26　插入新对象

插入 S7-300 的 PLC 站点后，双击右边的"硬件"，便可进入硬件组态的软件（HW config）中去，如图 4-27 所示。

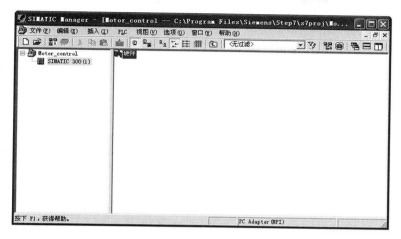

图 4-27　双击"硬件"

初次打开硬件组态软件 HW config 的样子，如图 4-28 所示。

在这个图中，左侧的硬件组态区域中为一片空白。而组态完成后，左侧的硬件组态区域便不再是空白，如图 4-29 所示。

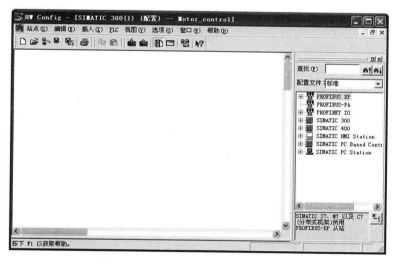

图 4-28　未组态时的 HW Config 软件

那么如何进行硬件组态呢？

做硬件组态工作时，首先要看实际的硬件。看实际硬件的时候，要找到模块正面上方和下方印着的信息（对于 S7-400 PLC 这些信息都印在上方）。如图 4-30 为一套 S7-300 PLC，其中，印在上方的信息是模块的类型，这个信息是不唯一的，很多模块可以是同样的类型。印在下方的信息是模块的具体型号，这个信息是唯一的，购买 PLC 模块时可以使用这个下方的信息进行订货，所以这个信息又称为订货号（order number）。

边看模块上的信息，边在 HW Config 软件中添加相应的模块。对于 S7-300 PLC，

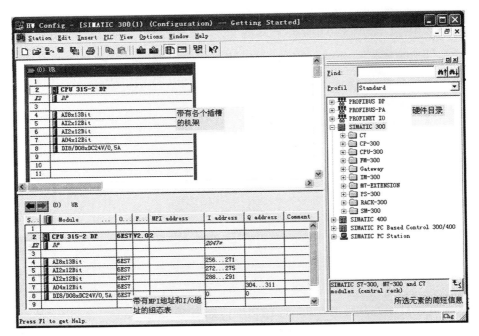

图 4-29 组态后的 HW Config 软件

在软件中先添加框架（RACK-300），再从上至下，按照硬件模块从左到右的安装顺序将电源模块、CPU 模块、AI 模块、AO 模块、DI/DO 模块都添加到组态软件中去。对于 S7-300 PLC 系统，3 号槽留给连接扩展机架接口模块（IM 模块）使用，即如果没有此模块，3 号槽应保持空白，而对于 S7-400 PLC 系统，不会为接口模块预留 3 号槽位。

图 4-30 S7-300 PLC 模块正面上方和下方的信息

在软件中添加好所有模块以后，观察一下所用模块的 I 地址和 Q 地址，如图 4-31 所示，地址号均为 16。这个地址号很重要，我们在编写程序的时候，使用的地址号也一定是 16，如果不相同，程序将不好用。（在程序中引用这个模块的地址号叫作寻址）

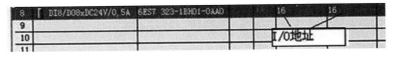

图 4-31 I/O 模块的 I/O 地址

当然这个地址号也可以更改，双击此模块，在"地址"选项卡中，将"系统默认"前面的对号去掉，即可更改地址号，见图 4-32。不过，程序中使用的地址号也一定要和新更改的地址号相对应。

图 4-32 I/O 模块地址的修改方法

硬件组态完成以后，一定要点击"保存并编译"，见图 4-33。其实，即使仅仅是修改了一项组态软件里面的参数，也应该重新进行编译。

图 4-33 "保存并编译"按钮

组态并编译之后，关闭或最小化 HW Config 软件。可以看到 SIMATIC Manager 中有了一些变化，如图 4-34 所示。其中，"系统数据"就是刚刚组态后产生的信息块。

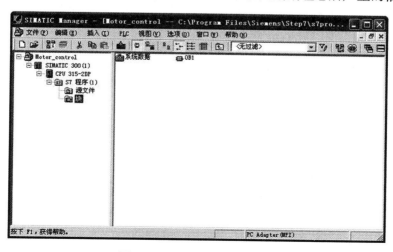

图 4-34 项目文件中的"块"

【知识扩展3】 组态

在工控领域, 组态 (configuration) 意为配置, 设置。主要是指在软件的窗口中, 通过配置或设置相应的参数, 而实现某种功能的方法。

组态大致分为三种: 硬件组态、网络组态及画面组态。

硬件组态在上文中已经提到, 此处不再赘述。

网络组态是指在实现 PLC 的网络通讯时, 在某些窗口中进行参数或通讯数据的配置。与之相对的是使用 PLC 指令进行参数或通讯数据的指定。

画面组态是指在制作操作画面时, 使用集成度较高的对象, 并对其进行相对简单的配置。西门子配套的画面组态软件是 WinCC。与之相对的是使用 VB 或 C++ 等软件相对复杂的程序来制作操作画面。

4.3.3 编写程序

PLC 是依照程序进行工作的, 像计算机一样, PLC 有着自己的编程语言。Step7 的编程语言有七种: 梯形图 (LAD)、语句表 (STL)、功能块 (FBD)、顺序功能图 (Graph)、结构化控制语言 (SCL)、状态转移图 (HiGraph)、连续控制图 (CFC), 其中部分编程语言符合国际标准 IEC 61131-3。

如果 Step7 安装的是标准版或基本版 (Basis 版), 那么由于里面包含 LAD、STL 和 FBD 语言, 我们可以用这几种语言进行编程, 同时可以查看别人用这几种语言编好的程序。

打开图 4-34 中的 OB1 便打开了如图 4-35 所示编程软件。在 S7-300/400 PLC 系统中, OB1 是主程序, FB、FC 相当于子程序, FB 及 FC 的创建及调用方法在后面会详述。

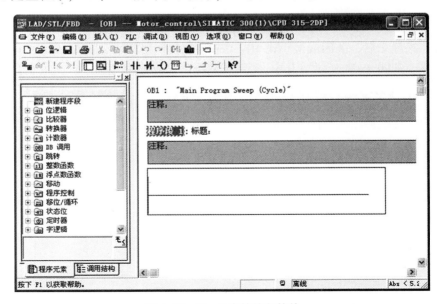

图 4-35 Step7 中的编程软件

编程语言可以切换，如图 4-36 所示。

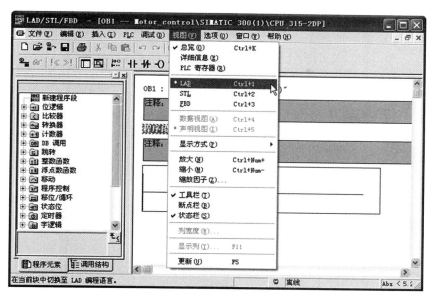

图 4-36　编程语言的切换

在 LAD 编程方式下，左边是指令库，编程需要的指令都从这里调取。当在指令库中选择了一个指令时，下面会写出它的描述。如图 4-37 所示，选择指令 "--（CU）"，下面的描述是 "增计数"。

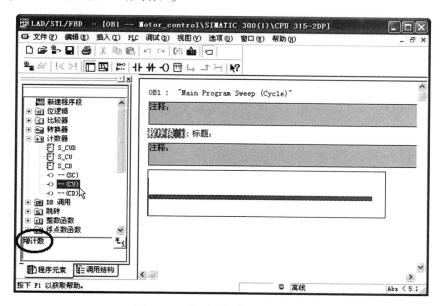

图 4-37　梯形图指令库与描述图

在遇到某个陌生的指令时，最容易找到的资源是软件里面的帮助文件。选择某个指令，然后点击键盘上的 "F1" 键，即可打开帮助文件。如图 4-38 所示，在指令的帮助文件中列出了指令的描述，参数的写法，有的还有例子程序。请多多利用这个帮助文件。

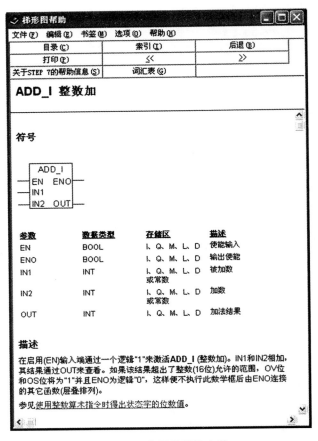

图 4-38 有用的帮助文件

编写程序时，如果出现红色的字，则说明语法有误，请仔细检查。

在程序中添加指令时，可以拖拽或双击指令。双击指令时，选择梯形图的横线或竖线，添加出的指令的位置不同。选择横线时，双击指令，该指令便在这条横线上，见图4-39；选择竖线时，该指令便在与横线并联的另一条横线上，见图4-40。

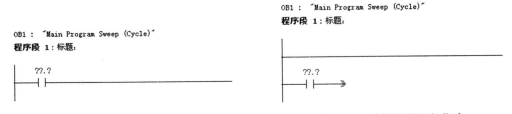

图 4-39　选择横线添加指令　　　　图 4-40　选择竖线添加指令

所以需要将指令并联时，选择竖线再添加即可。

对于并联的程序，可以选择"关闭分支"来完成，如图4-41所示。

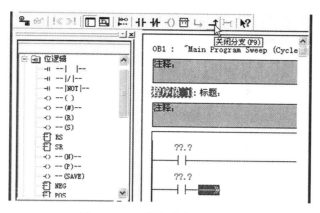

图 4-41　"关闭分支"的按钮

【知识扩展 4】IEC 61131-3

IEC（国际电工委员会）是为电子技术的所有领域制定全球标准的国际组织。IEC 61131 是 PLC 的国际标准，我国参照 IEC 61131 标准，在 1995 年 12 月发布了 PLC 的国家标准 GB/T 15969。

IEC 61131 由以下 5 个部分组成：通用信息、设备与测试要求、编程语言、用户指南和通讯。其中的第三部分（IEC 61131-3）是 PLC 的编程语言标准。IEC 61131-3 是世界上第一个，也是迄今为止唯一的工业控制系统的编程语言标准。这个标准将现代软件的概念和现代软件工程的机制与传统的 PLC 编程语言成功地结合，又对当代种类繁多的工业控制器中的编程概念及语言进行了标准化。

目前已有越来越多的生产 PLC 的厂家提供符合 IEC 61131-3 的标准产品，并且 IEC 61131-3 也已经成为 DCS（集散控制系统）、基于 IPC（工业控制计算机）的软逻辑、FCS（现场总线控制系统）、SCADA（数据采集与监视控制系统）和运动控制系统的事实上的软件标准。有的厂家推出的在个人计算机上运行的"软件 PLC"软件包也是按照 IEC 61131-3 标准设计的。

IEC 61131-3 详细地说明了句法、语义和下述 5 种编程语言。

①指令表 IL（instruction list）编程语言，它用一系列指令组成程序组织单元本体部分。指令表编程语言是类似汇编语言的编程语言，它是低层语言，具有容易记忆、便于操作的特点。因此，适合用于解决小型的容易控制的系统编程。

Step7 的 STL 就是这种语言。

②结构文本 ST（structured text）编程语言，它用一系列语句组成程序组织单元本体部分。结构化文本编程语言是高级编程语言，类似于高级计算机编程语言——PASCAL。它由一系列语句（如选择语句、循环语句、赋值语句等）组成，用以实现一定的功能。它不采用面向机器的操作符，而采用能够描述复杂控制要求的功能性抽象语句，因此，具有清晰的程序结构，利于对程序的分析。它具有强有力的控制命令语句结构，使复杂控制问题变得容易解决。但它的编译时间长，执行速度慢。

Step7 的 SCL 就是这种语言。

③梯形图 LD（ladder diagram）编程语言，它是历史最久远的一种编程语言。梯形图源于电气系统的逻辑控制图，逻辑图采用继电器、触点、线圈和逻辑关系图等表示它们的逻辑关系。梯形图也是目前 PLC 中采用最多的编程语言。

Step7 中的"梯形图"就是这种编程语言。

④功能块图 FBD（function block diagram）编程语言，它源于信号处理领域。功能块图编程语言将各种功能块连接起来实现所需控制功能。它具有图形符号，程序的编写过程就是图形的连接过程，操作方便。因此，它被广泛采用。

Step7 的 FBD 就是这种语言。

⑤顺序功能表图 SFC（sequential function chart）编程语言，它是采用文字叙述和图形符号相结合的方法描述顺序控制系统的过程、功能和特性的一种编程方法。它既可以作为文本类编程语言，也可以作为图形类编程语言，但通常将它归为图形类编程语言。

顺序功能表图最早是由法国国家自动化促进会（ADEPA）提出的，它是针对顺序控制系统的控制条件和过程提出的一套表示逻辑控制功能的方法。由于该方法精确严密，简单易学，有利于设计人员和其他专业人员的沟通和交流。因此，该方法公布不久，就被许多国家和国际电工委员会接受，并制定相应的国家标准和国际标准，如 IEC 60848 标准、GB/T 26988.6—1993 标准等。

Step7 的 Graph 就是这种语言。

无论使用哪种编程语言，程序编写好以后，都需要在软件中进行程序的自动检查，无错误方可进行下载。

4.3.4 连接 PLC，下载组态和程序信息

新建工程、硬件组态和编程的工作都是在编程电脑上完成的。之后，需要将这些信息下载到 PLC 中去。

在进行下载操作之前，需要将编程电脑与 PLC 通过编程电缆连接起来。

西门子 S7-300/400 PLC 与编程电脑常见的连接方式主要有 4 种，这几种不同的连接方式的主要区别在于它们采用了不同的通讯卡或编程电缆。

①计算机上安装 CP5611/CP5613 通讯卡（安装在编程电脑的 PCI 插槽上），然后通过串口线连接这个通讯卡和 PLC 的 MPI 或 Profibus-DP 接口，如图 4-42 所示。

图 4-42　CP5613 通讯卡

②计算机上不安装通讯卡，而是选用 PC Adapter（PC 适配器）将编程电脑和 PLC 的 MPI 或 Profibus-DP 接口连接起来，如图 4-43 所示。这种编程电缆的通讯协议转换芯片，是在电缆中部的芯片盒中。

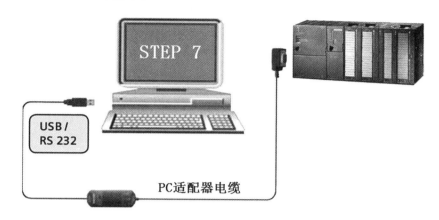

图 4-43　通过 PC 适配器连接电脑和 PLC

③使用以太网线连接编程电脑和 PLC，这种方式需要 PLC 上带有 Profinet 接口，即 PN 接口，带有 PN 接口的模块如图 4-44 所示。

（a）带PN的S7-300的CPU模块　　（b）带PN的S7-300的CP模块　　（c）带PN的S7-400的CP模块

图 4-44　带有 PN 接口的模块

④仿真 PLC 与编程电脑的连接方式一般为"PLCSIM（MPI）"。

在 SIMATIC Manager 软件中可以看到当前的连接方式，如图 4-45 所示。

那么在软件的哪里设置编程电脑与 PLC 的连接方式呢？

答案是：在"设置 PG/PC 接口"中。

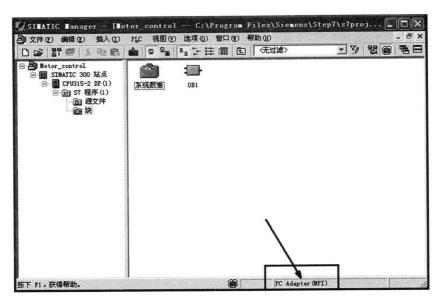

图 4-45　编程电脑与 PLC 之间当前的连接方式

在 SIMATIC　Manager 软件中选择"选项"→"设置 PG/PC 接口"，即可找到，如图 4-46 所示。

图 4-46　选项→设置 PG/PC 接口

打开"设置 PG/PC 接口"后，在"为使用的接口分配参数"中选择正确的连接方式即可，如图 4-47 所示。

S7-200 PLC 在上载或下载之前，也需要通过"设置 PG/PC 接口"，选择正确的连接方式。

图 4-47　在"设置 PG/PC 接口"选择正确的连接方式

解决了编程电脑和 PLC 的连接问题，就可以进行正常的下载了。

如果是首次下载，需要先下载组态以确定下载路径；但若只是改变了组态信息，便推荐只下载组态信息；同样，如果仅仅改变了程序信息，则推荐只下载程序信息。因为对于 S7-300/400 PLC 来讲，下载组态信息会使 CPU 重启，而下载程序信息不会使 CPU 重启，而在工厂的正常生产运行中，CPU 往往是不允许重启的。所以如果想要更改组态和程序，对于生产中的 CPU 只能够下载程序，组态信息要等到可以停产的时候才可以下载。

完成下载操作后，如果将 PLC 中的 CPU 模块上的运行模式选择开关选到 RUN 模式，则程序便可运行，即满足启动条件的设备便会自动启动。所以，在工业现场进行下载操作前，一定要确认好是否可以下载，否则某些设备意外的启动将造成不必要的损失甚至发生事故。

4.3.5　在监视状态下进行调试

在编程软件中，点击 **66'** 图标，可以激活监视功能。激活后便可以看到梯形图绿色的"能流"。

组态及程序信息下载后，可以通过 PLC 在线监视的功能，实时地监视程序的运行，以观察程序的逻辑是否正确。若不正确，则取消"监视"功能，修改相关程序，保存后再重新进行下载和在线监视等操作，如图 4-48 所示。

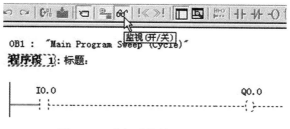

图 4-48　监视功能的开启与关闭

4.4 运行中 PLC 的使用方法

运行中 PLC 通常是在现场正进行着生产运行的 PLC，那么什么时候需要使用它呢？一般是在需要修改控制逻辑或通过软件查看故障信息时。

它的使用方法与无程序 PLC 的使用方法截然不同。若还是使用那种方法，对于某些 PLC 来讲，很有可能会清空其程序及组态信息，所以，不要将无程序 PLC 及运行中的 PLC 使用方法相混淆。

运行中 PLC 的具体使用方法如下。

4.4.1 连接 PLC，上载组态及程序信息

连接 PLC 的方法，与 4.3.4 节所述一致，此处不再赘述。

编程电脑与 PLC 连接好后，创建一个新项目，以便将程序上载（对于其他一些品牌的 PLC，可以不需要新建项目就能够上载程序）。项目创建好后，选择 "PLC" → "将站点上传到 PG"，如图 4-49 所示。

图 4-49　使用 Step7 上载组态及程序信息（1）

在 "选择节点地址" 中选择 "可访问的节点"，如图 4-50 所示。在图 4-50（a）中点击 "显示"，可访问的节点便会显示出来，如图 4-50（b）所示。然后在可访问的节点 中选择需要操作的节点，再点击 "确定"，该站点的组态及程序信息便会上载上来。

（a）

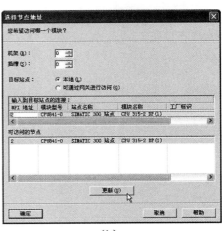

（b）

图 4-50　使用 Step7 上载组态及程序信息（2）

（如果 CPU 被设置了口令保护，在点击"确定"后，则可能需要输入相应的口令密码才可以上载）

　　注意：①图 4-50（b）中的模块型号为 CPU841-0，此型号为仿真 CPU 的型号；

　　　　　②当可访问的节点不止一个时，注意不要选错。

　　若编程电脑中有 PLC 的程序，可以不执行这一步，但还是建议在修改组态或程序之前，将编程电脑中的程序和 PLC 中的组态或程序块进行一下比较。在 Step7 中选择"选项"→"比较块"，如图 4-51 所示，然后将弹出图 4-52 所示的窗口。

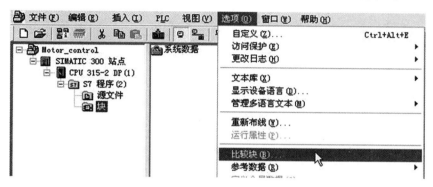

图 4-51　块比较功能的打开

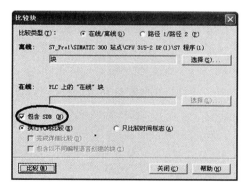

图 4-52　块比较功能的设置

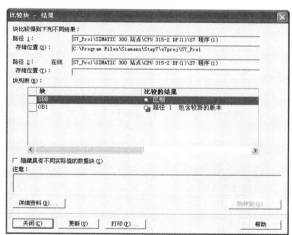

图 4-53　块比较结果的显示窗口

　　在图 4-52 所示的设置窗口中，若需要比较组态信息，则将"包含 SDB"勾选上；如果只需要比较程序信息，则不需要勾选此项。如果比较的结果是 PLC 中的组态或程序与编程电脑中的不同，则会出现如图 4-53 所示的窗口，可以通过此窗口查看比较结果的"详细资料"。

4.4.2　备份工程文件

　　对于从 PLC 读取出的工程文件，强烈建议在修改之前进行文件的备份，并且在文件名上标明备份的日期和具体时间。之后在修改程序时，每修改一些完整的内容，也最好再进行一次备份，而且最好将修改的内容记录下来。实践证明，这样会提高工作效率或者避免生产线停产。因为，如果经过修改过的程序无法正确运行，并且原程序未备份的话，就会面临着生产线停产的风险。再如果修改了很多次程序后，发现之前的某次修改的程序最好或最正确，那么每次修改都备份并记录修改内容的话，无疑会很快地找到那个程序。否则，可能会很麻烦。Step7 有一个非常好的备份工具，叫作"归档"，如图 4-54 所示，在 Step7 中选择"文件"→"归档"即可。

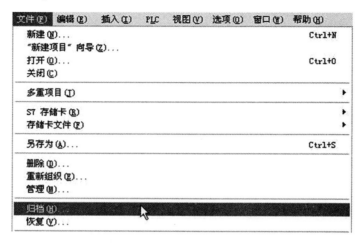

图 4-54　Step7 项目文件的归档

"归档"是利用内嵌在 Step7 中的压缩工具，将工程文件迅速地制成一个压缩包；而"恢复"则可以将已压缩好的工程文件迅速地恢复到 Step7 中。

若只是想查看故障信息则不需要进行此步。

4.4.3　修改工程文件或查看故障信息

修改工程文件中的组态时，若需要更换某些模块，可以在原模块的组态上点击右键，选择"替换对象"，见图 4-55。如果"替换对象"中没有找到新模块的订货号，那么只能删除原模块，然后利用 4.3.2 节中介绍的方法，重新添加新的模块。

注意：CPU 模块在删除时，系统会弹出如图 4-56 所示的窗口，切记要选择"否"，这样才能保留住程序。

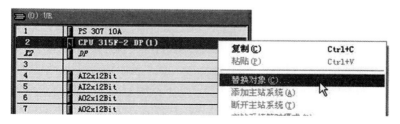

图 4-55　组态信息中模块的替换

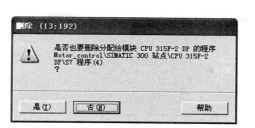

图 4-56　删除 CPU 时询问是否删除其中程序的窗口

故障信息的查看方法为，在 Step7 中选择"PLC"→"诊断/设置"→"模块信息"，可以在里面查看故障记录。若怀疑故障由硬件产生，可以选择"PLC"→"诊断/设置"→"硬件诊断"。

4.4.4　下载工程文件，通过监视状态进行调试

若仅仅修改了程序信息，需要下载相应的程序块及其调用的其他程序块或数据块，而不要下载系统数据块（组态信息），这样 CPU 不会重启，被修改部分以外的程序仍会持续运行。而如果修改了组态信息，则需要等到系统可以停机时再进行下载（下载相关问题可参考 4.3.4）。

监视的方法同 4.3.5 所述。

4.5　PLC 的工作模式和启动类型

S7-300/400 PLC 一般有 4 种工作模式：RUN、RUN-P、STOP、MRES。通过 CPU 面板上的模式选择开关选择。

①RUN：运行模式。此模式下，CPU 执行用户程序，可以通过编程器读出或监控用户程序，但是不能修改。

②RUN-P：可编程模式。此模式下，CPU 执行用户程序，可以通过编程器读出、监控和修改用户程序。部分 S7-300 PLC 上无此模式，仅有 RUN 模式，该 PLC 上的 RUN 相当于 RUN-P 模式。

③STOP：停机模式。此模式下，CPU 不执行用户程序，但可以通过编程器读写。

④MRES：存储器复位模式。该位置不能保持，当开关在此位置释放时将自动返回到 STOP 位置。切换到该模式时，可复位存储器。复位操作步骤为：将模式开关从"STOP"位置调到"MRES"位置，此时"STOP"LED 灯熄灭 1s，亮 1s，松开模式开关使其回到"STOP"位置。3s 内把开关调回"MRES"位置，使"STOP"LED 灯以 2Hz 的频率至少闪动 3s，表示正在执行复位，最后"STOP"LED 灯一直亮。此时可放开模式开关，完成复位操作。

S7-300/400 PLC 还具有 3 种启动类型：冷启动、暖启动和热启动。用户可以根据需要在硬件配置中选择启动方式，但并不是所有的 CPU 都支持这三种启动方式。

①冷启动（cold restart）。冷启动时，过程映像、位存储器、定时器和计数器的所有数据都被初始化，包括数据块均被重置为存储在装载存储器（load memory）中的初始值，与这些数据是否被组态为可保持还是不保持无关。冷启动首先执行启动组织块

OB102 一次，并不是 S7-400 所有 CPU 都支持此功能。

②暖启动（warm restart）。暖启动时，过程映像数据及非保持的存储器、定时器和计数器将被复位。保持性的存储器、定时器和计数器会保存其最后有效值。在有后备电池时，所有 DB 块数据被保存。没有后备电池时，没有非易失性存储区的 PLC 的 DB 块数据和存储器、定时器和计数器均无法保持。暖启动首先执行启动组织块 OB100 一次。用户如果没有更改过启动类型，系统默认设为暖启动。

③热启动（hot restart）。只有在有后备电池时才能实现，所有的数据都会保持其最后有效值。程序从断电处执行，在当前循环完成之前，输出不会改变其状态。热启动时执行 OB101 一次。只有 S7-400 才能进行热启动。

4.6 CPU 模块的参数设置

S7-300/400 各种模块的参数都是用 Step7 来设置。在 Step7 的 SIMATIC 管理器中点击"硬件"图标，进入"HW Config"画面，双击 CPU 模块所在的行，在弹出的"属性"窗口中点击某一选项卡，便可以设置相应的属性。下面以 CPU 313C-2DP 为例，说明 CPU 主要参数的设置方法。

（1）启动特性参数

在"属性"窗口中点击"启动"选项卡，如图 4-57 所示，设置启动特性。

启动选项卡中的"如果预设值的组态与实际组态不匹配则启动"复选框如果被选中，则当有模块没有插在组态时指定的槽位或者某个槽位实际插入的模块与组态时的模块不符时，CPU 仍会启动（注意：除了 PROFIBUS-DP 接口模块外，CPU 不检查 I/O 组态）；如果没有选中该复选框，则当出现该情况时，CPU 将进入 STOP 状态。

"热启动时复位输出"和"禁用通过操作员或通讯任务进行热启动"选项仅用于 S7-400 CPU，在 S7-300 站中是灰色的。

"通电后启动"用于设置电源接通后的启动选项，可以选择热启动、暖启动和冷启动。

"监视时间"区域可用于设置相关项目的监控时间。

①模块"完成"确认的消息（100ms）。用于设置电源接通后 CPU 等待所有被组态的模块发出"完成信息"的时间。如果被组态的模块发出"完成信息"时间超过该时间，表示实际组态不等于预置组态。该时间范围为 1~650ms，以 100ms 为单位，默认值为 650ms。

②参数传送到模块的时间（100ms）。用于设置 CPU 将参数传送给模块的最长时间，以 100ms 为单位。如果主站的 CPU 有 DP 接口，可以用这个参数来设置 DP 从站启动的监视时间。如果超过了上述设置时间，CPU 按照"如果预设值的组态与实际组态不匹配则启动"的设置进行处理。

③热启动的时间（100ms）。为 CPU 热启动监控时间，以 100ms 为单位。

（2）扫描周期/时钟存储器参数设置

扫描周期/时钟存储器参数可以通过属性窗口的"周期/时钟存储器"选项卡（如图 4-58 所示）来设置。

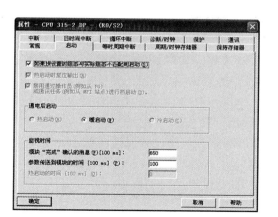

图 4-57　CPU 属性设置对话框

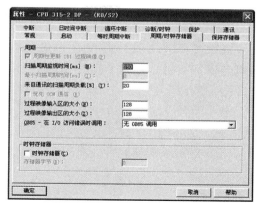

图 4-58　"周期/时钟存储器"选项卡

"扫描周期监视时间"用于设置扫描循环监视时间，以 ms 为单位，默认值为 150ms。如果实际循环扫描时间超过设定值，CPU 将进入 STOP 模式。

"来自通讯的扫描周期负载"用于限制通讯处理占用扫描周期的百分比，默认值为 20%。

"OB85-在 I/O 访问错误时调用"区域用于设置 CPU 对系统修改过程映像时发生的 I/O 访问错误的响应。如果希望在出现错误时调用 OB85，建议选择"仅用于进入和离开的错误"，相对于"每单个访问时"，不会增加扫描循环时间。

"时钟存储器"用于设置时钟存储器的字节地址。S7-300/400 CPU 可提供一些不同频率、占空比为 1:1 的方波脉冲信号给用户程序使用，这些方波脉冲存储在一个字节的时钟存储器中（在 M 存储区域），该字节的每一位对应一种频率的时钟脉冲信号。使用案例请参考 5.3.4 节中案例 12。

（3）系统诊断参数与实时时钟的设置

系统诊断是指对系统中出现的故障进行识别、评估和作出相应的响应，并保存诊断的结果。通过系统诊断可以发现用户程序的错误、模块的故障和传感器、执行器的故障等。

在属性窗口的"诊断/时钟"选项卡（如图 4-59 所示），可以选择"报告 STOP 模式原因"等选项。

在某些大系统（例如电力系统）中，某一设备的故障会引起连锁反应，相继发生一系列事件，为了分析故障的起因，需要查出故障发生的顺序。为了准确地记录故障顺序，系统中各计算机的实时时钟必须定期作同步调整。

可以用下面 3 种方法使实时时钟同步：在 PLC 中、在 MPI 上和在 MFI 上（通过第二接口）。每个设置方法有 3 个选项，"作为主站"是指用该 CPU 模块的实时时钟作为标准时钟，去同步别的时钟；"作为从站"是指该时钟被别的时钟同步；"无"为不同步。

"时间间隔"是指时钟同步的周期，可以设置从 1s 到 24h 不等。

"校正因子"是指以 ms 为单位的每 24h 时钟误差时间的补偿，补偿值可以为正，也可以为负。例如当实时时钟每 24h 快 5s，则此处校正因子应设置为-5000。

（4）保持存储区参数设置

在电源掉电或 CPU 从 RUN 模式进入 STOP 模式后，其内容保持不变的存储区称为保持存储区。CPU 安装了后备电池后，用户程序中的数据块总是被保护的。

"保持存储器"选项卡页面分别用来设置从 MB0、T0 和 C0 开始的需要断电保持的存储器字节数、定时器和计数器的数量，设置的范围与 CPU 型号有关，如果超出允许的范围，将会给出提示。没有电池的 S7-300 可以在数据块中设置保持区域。

（5）保护级别与运行方式的选择

在属性"保护"选项卡（如图 4-60 所示）的"保护级别"框中，可以选择 3 个保护级别：

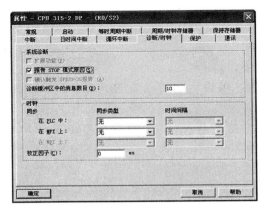

图 4-59　"诊断/时钟"选项卡

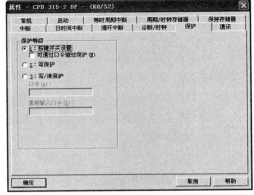

图 4-60　"保护"选项卡

①保护级别 1 是默认的设置，没有口令。CPU 的钥匙开关（工作模式选择开关）在 RUN-P 和 STOP 位置时对操作没有限制，在 RUN 位置只允许读操作。

②被授权（知道口令）的用户可以进行读写访问，与钥匙开关的位置和保护级别无关。

③对于不知道口令的人员，保护级别 2 只能读访问，保护级别 3 不能读写，均与钥匙开关的位置无关。

在执行在线功能之前，用户必须先输入口令：

①在 SIMATIC 管理器中选择保护的模块或它们的 S7 程序。

②选择菜单命令"PLC"→"访问权限"→"设置"，在对话框中输入口令。

输入口令后，在退出用户程序之前，或取消访问权利之前，访问权一直有效。

在该选项卡中可以选择"过程模式"或"测试模式"。这两种模式只在 S7-300 CPU（CPU 318-2 除外）中有效。

①过程模式。在该模式下，为了保证不超过在"保护"选项卡中设置的循环扫描时间的增量，像程序状态监视以及变量修改/监视这样的测试操作是受到限制的，因此，在处理模式中不能使用断点测试功能和程序的单步执行功能。

②测试模式。在该模式下，所有的测试功能（包括可能会使循环扫描时间显著增加

的一些功能）都可以不受限制地使用。

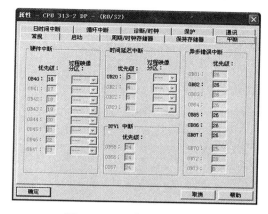

图 4-61　"中断"选项卡

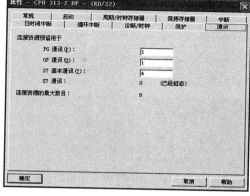

图 4-62　"通讯"选项卡

（6）中断参数设置

在如图 4-61 所示的"中断"选项卡中，可以设置硬件中断、时间延迟中断、PROFIBUS-DP的 DPV1 中断和异步错误中断的中断优先级。

默认情况下，所有的硬件中断都由 OB40 来处理，用户可以通过设置优先级 0 来屏蔽中断。PROFIBUS-DPV1 从站可以产生中断请求，以保证主站 CPU 处理中断触发的事件。

对于 S7-300PLC，用户不能修改当前默认的中断优先级；对于 S7-400PLC，用户可以根据处理的硬件中断 OB 来定义中断的优先级。

（7）通讯参数的设置

在如图 4-62 所示的"通讯"选项卡中，可以设置 PG 通讯、OP 通讯和 S7 基本通讯使用的连接个数。设置时至少应该为 PG 和 OP 分别保留 1 个连接。

（8）日期-时间中断参数的设置

"日时间中断"选项卡（如图 4-63 所示）用于设置与日期-时间中断有关的参数。S7-300/400 系列 PLC 的大多数 CPU 都具有内置的实时时钟，可以产生日期-时间中断。只要在硬件组态做了设置，中断时间一到系统就会自动调用组织块 OB10~OB17 进行中断处理。

通过"优先级"可以设置中断的优先级；"激活"选项决定是否激活中断；"执行"选项中断执行方式：只执行一次，每分钟、每小时、每天、每周、每月、每年执行一次；通过该选项卡还可以设置中断启动的日期和时间，以及要处理的过程映像分区（仅用于 S7-400）等。

（9）循环中断参数的设置

在如图 4-64 所示的"循环中断"选项卡中，可以设置循环执行组织块 OB30~OB38 的参数，这些参数包括中断的优先级、以 ms 为单位的执行时间间隔和相位偏移。

（10）CPU 集成 I/O 参数设置

有些 S7-300/400 的 CPU 带有集成的数字量输入/输出接口，在 HW Config 窗口中双击 CPU 集成输入/输出口所在行，就可以打开 DI、DO 属性设置对话框，设置方法和普通 DI、DO 的设置方法基本相同。

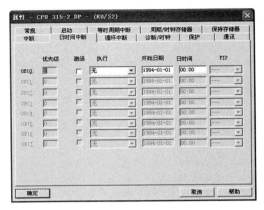

图 4-63 "日时间中断"选项卡   图 4-64 "循环中断"选项卡

在"地址"选项卡中可以设置 DI 和 DO 的地址，在"输入"选项卡中可以设置是否允许各集成的 DI 点产生硬件中断。如果允许中断，还可以逐点选择是上升沿中断还是下降沿中断。

输入延迟时间用于消除硬件抖动，可以 ms 为单位，按每 4 点一组设置各组的输入延迟时间。

4.7 数字量 I/O 模块的参数设置

数字量 I/O 模块的参数分为动态参数和静态参数，CPU 处于 STOP 模式时，通过 Step7 的硬件组态，两种参数都可以设置。参数设置完成后，应将参数下载到 CPU 中，这样当 CPU 从 STOP 转为 RUN 模式时，CPU 会将参数自动传送到每个模块中。

在 CPU 持续 RUN 的过程中，可以通过调用系统功能 SFC 动态地修改参数。但是当 CPU 由 RUN 模式进入 STOP 又返回到 RUN 模式后，将重新使用 Step7 的硬件组态中设定的参数到模块中，由 SFC 动态设置的参数被覆盖。

（1）数字量输入模块的参数设置

在 SIMATIC 管理中双击"硬件"图标，打开 HW Config 窗口。双击窗口左边栏机架 4 号槽的 DI16×DC24V（订货号为 6ES7 321-7BH00-0AB0），出现如图 4-65 所示的属性窗口。点击"地址"选项卡，可以设置模块的起始字节地址。

对于有中断功能的数字量输入模块，有"输入"选项卡（没有中断功能的无此选项）。点击"输入"选项卡，用鼠标点击检查框，可以设置是否允许产生硬件中断和诊断中断。检查框内出现"√"表示允许产生中断。

如果选择了允许硬件中断，则在硬件中断触发器区域可以设置在信号的上升沿、下降沿或上升沿和下降沿均产生中断，出现硬件中断时，CPU 将调用 OB40 进行处理。

S7-300/400 的数字量输入模块可以为传感器提供带熔断器保护的电源。通过 Step7 可以以 8 个输入点为一组设置是否诊断传感器的电源丢失。如果设置了允许诊断中断，则当传感器电源丢失时，模块将此事件写入诊断缓冲区，用户程序可以调用系统功能 SFC51 读取诊断信息。

在"输入延迟"下拉列表框中可以选择以毫秒为单位的整个模块所有输入点的输入延迟时间。该选项主要用于设置输入点的接通或断开时的延迟时间。

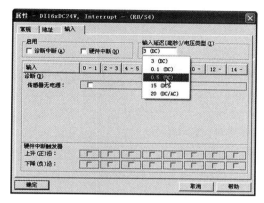

图 4-65　数字量输入模块的参数设置

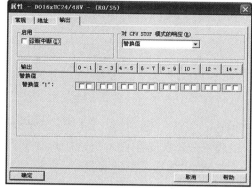

图 4-66　数字量输出模块的参数设置

（2）数字量输出模块的参数设置

在 HW Config 窗口中双击窗口左边栏机架 5 号槽的 DO16×UC24/48V（订货号为 6ES7 322-5GH00-0AB0），出现如图 4-66 所示的属性窗口。在"地址"选项卡可以设置数字量输出模块的起始字节地址。

某些有诊断中断和输出强制值功能的数字量输出模块还有"输出"选项卡。点击"输出"选项卡，用鼠标点击检查框可以设置是否允许产生诊断中断。

"对 CPU STOP 模式的响应"选择框用来选择 CPU 进入 STOP 模式时模块各输出点的处理方式。如果选择"保持前一个有效的值"，CPU 进入 STOP 模式后，模块将保持最后的输出值；如果选择"替换值"，CPU 进入 STOP 模式后，可以使各输出点分别输出"0"或"1"。窗口中间的"替换值"1":"所在行中某一输出点对应的检查框如果被选中，进入 STOP 模式后该输出点将输出"1"，反之输出"0"。

4.8　模拟量 I/O 模块的参数设置

4.8.1　模拟量输入模块的参数设置

图 4-67 所示为 8 通道 12 位的模拟量输入模块（订货号为 6ES7 331-7KF02-0AB0）的参数设置对话框。

与数字量输入模块一样，在地址选项卡可以设置该模块输入通道的起始字节地址。

（1）模块诊断与中断的设置

在"输入"选项卡中可以设置是否允许诊断中断和超出限制时硬件中断。有的模块还可以设置模拟量转换的循环结束时的硬件中断和断线检查。如果选择了超限中断，则窗口下面硬件中断触发器区域的上限和下限设置被激活，在此可以设置通道 0 和通道

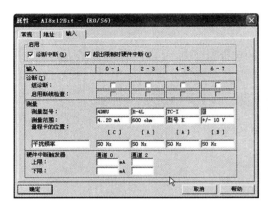

图 4-67　模拟量输入模块的参数设置

2 产生超限中断的上下限。还可以以 2 个通道为一组设置是否对各组进行诊断。

（2）模块测量范围的选择

可以分别对模块的每一个通道组选择允许的任意量程，每两个通道为一组。例如在"输入"选项卡中点击 0 号和 1 号通道的测量种类输入框，在弹出的菜单中选择测量的种类，图中选择的"4DMU"是 4 线式传感器电流测量；"R-4L"是 4 线式热电阻；"TC-I"是热电偶；"E"表示测量种类的电压。

如果未使用某一组的通道，应选择测量种类中的"取消激活"，以减小模拟量输入模块的扫描时间。点击测量范围输入框，在弹出的菜单中选择量程，图中第一组的测量范围为 4~20mA。量程框下面的"〔C〕"表示 0 号和 1 号通道对应的量程卡的位置应设置为"C"，即量程卡上的"C"旁边的三角形箭头应对准输入模块上的标记。在选择测量种类时，应保证量程卡的位置与 Step7 中的设置一致。

（3）模块测量精度与转换时间的设置

SM331 采用积分式 A/D 转换器，积分时间直接影响到 A/D 转换时间、转换精度和干扰抑制频率。积分时间越长，精度越高，快速性越差。积分时间与干扰抑制频率互为倒数。积分时间为 20ms 时，对 50Hz 的干扰噪声有很强的抑制作用。为了抑制工频频率，一般选用 20ms 的积分时间。

SM331 的转换时间由积分时间、电阻测量的附加时间（1ms）和断线监视的附加时间（10ms）组成。以上均为每一通道的处理时间，如果一块模块中使用了 N 个通道，总的转换时间（称为循环时间）为各个通道的转换时间之和。

（4）模块测量精度与转换时间的设置

有些模拟量输入模块用 Step7 设置模拟值的平滑等级。模拟值的平滑处理可以保证得到稳定的模拟信号。这对缓慢变化的模拟值（例如温度测量值）是很有意义的。

平滑处理用平均值数字滤波来实现，即根据系统规定的转换次数来计算转化后的模拟值的平均值。用户可以在平滑参数的四个等级（无、低、平均及高）中进行选择。这四个等级决定了用于计算平均值的模拟量采样值的数量。所选的平滑等级越高，平滑后的模拟值越稳定，但是测量的快速性越差。

4.8.2　模拟量输出模块的参数设置

模拟量输出模块的设置与模拟量输入模块的设置有很多类似的地方。模拟量输出模块需要设置下列参数：

①确定每一个通道是否允许诊断中断。

②选择每一通道的输出类型为"禁止激活"、电压输出或电流输出。选定输出类型后，再选择输出信号的量程。

③CPU 进入 STOP 时的响应：可以选择不输出电流电压（0CV）、保持最后的输出值（KLV）和采用替代值（SV）。

4.9　PLC 的维护

4.9.1　环境条件

PLC 适用于大多数的工业现场，但它对使用场合、环境温度等还是有一定要求。控制 PLC 的工作环境，可以有效地提高它的工作效率和寿命。因为 PLC 为精密电子产品，自动化控制的系统是要求长时间不间断运行，因此 PLC 的运行环境要求极高，要防尘、防火、防水，防高温，防雷电。PLC 的工作环境要求如下。

①温度。西门子 PLC 要求环境温度一般在 0~60℃（允许垂直安装的 PLC 的环境温度为 0~40℃，高防护等级的 S7-1500 PLC 允许的环境温度为−25~55℃），安装时不能放在发热量大的元件附近，四周通风散热的空间应足够大。

②湿度。为保证西门子 PLC 的绝缘性能，空气的相对湿度应小于 95%。（无凝露）

③振动。应使 PLC 远离强烈的振动源，当使用环境不可避免振动时，必须采取减振措施，如采用减振胶等。

④空气。避免有腐蚀和易燃的气体，例如氯化氢、硫化氢等。对于空气中有较多粉尘或腐蚀性气体的环境，可将 PLC 安装在封闭性较好的控制室或控制柜中。

⑤电源。PLC 对于电源线带来的干扰具有一定的抵制能力。在可靠性要求很高或电源干扰特别严重的环境中，可以安装一台带屏蔽层的隔离变压器，以减少设备与地之间的干扰。一般 PLC 都有直流 24V 输出提供给输入端，当输入端使用外接直流电源时，应选用直流稳压电源。因为普通的整流滤波电源，由于纹波的影响，容易使 PLC 接收到错误信息。

4.9.2　日常维护与检查工作

（1）日常准备工作

首先要熟悉工艺流程，其次是对 PLC 各种模块的说明资料要熟悉，再次是对现场布局的了解，最后确保自己的各种检测工具要完好无误。

（2）日常点检工作

定期进行 CPU 的电池的电压检测，定期对构成 PLC 系统的相关设备进行点检和维护，如 UPS 定期维护，利用停机时机，对 PLC 各控制柜进行人工除尘、降温，PLC 程序的定期人工备份和电池备份及各相关损坏期间的更换等工作。

日常维护与检查 PLC 项目是每天巡检必须检查的内容。其内容如下。

①系统安置场所的温度和湿度等运行环境条件是否在规定的技术指标范围内。温度过高将使得 PLC 内部元件性能恶化和故障增加，并且会降低 PLC 的寿命。温度偏低，模拟回路的安全系数也会变小，超低温时可能引起控制系统动作不正常。解决办法是在控制柜安装合适的轴流风扇或者加装空调，并注意经常检查。

在湿度较大的环境中，水分容易通过模块的金属表面的缺陷侵入内部，引起内部元件性能的恶化，使内部绝缘性能降低，会因高压或浪涌电压而引起短路；在极其干燥的环境下，MOS 集成电路会因静电而引起击穿。

②检查报警记录是否有系统报警，如发现有系统报警，应及时做相应处理。

③PLC 电控柜卫生清扫。要定期吹扫内部灰尘，以保证风道的畅通和元件的绝缘。PLC 的电控柜应使用密封式结构，并且在电控柜的进风口和出风口加装过滤器，可阻挡大部分灰尘的进入。

④检查 PLC 的安装状态。各 PLC 单元固定是否牢固，各种 I/O 模块端子是否松动，PLC 通讯电缆的子母连接器是否完全插入并旋紧，外部连接线有无损伤。

⑤检查工作站画面调用是否正常；数据显示是否正常。

⑥历史记录定期清理，一般为半年一次。

⑦检查工作站主机的前板风扇、电源风扇运作是否正常，在粉尘较多的环境下运行的工作站主机要有风扇备件，每月进行风扇和滤网清洁，每月进行显示器、机箱清洁。

⑧检查各模板工作是否正常（主要根据指示灯进行判断），检查机柜附属设备是否正常，检查机柜接地是否正常。

⑨供电电源的质量直接影响 PLC 使用的可靠性，也是故障率较高的部件，检查电压是否满足额定范围的 85%～110% 及观察电压波动是否频繁。频繁的电压波动会加快电源模块电子元件的老化，对于使用 10 多年的 PLC 系统，若常出现程序执行错误，首先应考虑电源模块供电质量，再检查 PLC 的程序存储器的电池是否需要更换。

PLC 除了电池和继电器输出触点外，基本上没有其他易损元器件。由于存放用户程序的随机内存（RAM），计数器和具有保持功能的辅助继电器等均用电池保护，电池的寿命大约 5 年，当电池的电压逐渐降低到一定程度时，PLC 上的电池电压跌落指示灯会亮起，提示用户注意，通常由电池所支持的程序还可以保持一周左右，此时必须更换电池，这是日常维护的主要内容。更换电池的动作要快，时间要短，一般不允许超过 3min。如果时间过长，备用电容器的电将耗尽，RAM 中的程序将丢失。

4.9.3 定修工作

（1）定修工作项目

定修工作的主要项目有：彻底清洁室内卫生、清洁插件板和机柜、清洁主机箱；接地检查：接地电阻应符合设计规定接地要求；系统电源检查；网络检查；各模件检查：各 I/O 点接线是否正常，模拟量、数字量输入/输出是否正常，控制逻辑是否正常；冗余系统切换检查等。

（2）定修前的准备工作

对 PLC 控制系统进行在线查看：检查、统计缺陷。备份系统文件，包括 Step7 的项目文件、WinCC 的组态文件（画面、数据库等），制定 PLC 控制系统检修计划任务书、PLC 系统检修记录。准备系统资料、接线图纸、材料、备件等。

（3）定修工艺与方法

PLC 控制系统全部停电后，认真做好机房、控制室内的系统部件的清洁工作，主要完成下列项目。

清除工控机及模件上的灰尘及接插头部分的灰尘；清除机箱内部的灰尘及表面污迹；清除操作台的灰尘及污迹；清除打印机、键盘、显示器上的灰尘和污迹；清除端子排积灰。

在打扫时，要防止杂物进入 PLC 的通风口（PLC 顶部），应采用吸尘器进行打扫。对积尘的插卡可以根据产品说明书的要求，取下插卡进行清洁工作。例如，用无水酒精擦洗污物，要仔细进行清洁工作，不要造成元件的损坏等。

（4）系统检查及诊断

在检修期间，应对系统内各站及外部设备、现场总线组件及其他接口组件等进行全面的诊断测试，同时，将诊断结果记录备案。

①主从 CPU 的切换。在冗余运行状态下，把主 CPU 切至 STOP 状态，另一 CPU 应为 MASTER，若 MASTER 指示灯亮，表示切换成功。

②I/O 部件性能检查。对参与控制和联锁的卡件，要逐点进行精度测试。对指示用的卡件，每卡件按测量点数 15%～20% 的比例进行抽检。对发现有问题的卡件，应适当扩大抽检比例。

③备品备件上机测试，以检测其可靠及可用性。

（5）系统文件备份

系统备件要求一式两份，备份盘上注明备份名次、时间，异地存放，妥善保管。

4.9.4　检修后系统投运与停运

（1）日常检修后系统投运步骤如下。

检修后，确认系统的所有连接准确无误后，对相关模块进行上电，直到卡件指示灯显示正常。

（2）定修后系统投运步骤如下。

①供电。开启电源装置（包括投 UPS、SITOP 电源开关），合上控制继电器电源的空气开关。合上所有 DC 回路的空气开关。合上所有 PLC 的 PS 电源开关。

②当 PLC 自检完毕后，S7-300 应处于以下状态。DC 供电正常：绿灯。所有 PLC 均处在 STOP 模式：黄灯。CPU 未在同步模式：RED 灯为红灯。

③启动 PLC。将处于 MASTER 状态的 CPU 从 STOP 切换至 RUN 模式。CPU 的 RUN 指示灯为绿灯，表示启动成功。

④建立通讯。将通讯模件 CP340 切换至 RUN 模式。

⑤启动操作员站或工程师站。接通 PC 机电源，开机进入 Windows 系统，再进入

WinCC，激活 WinCC。与 PLC 建立通讯，至此整个系统开始运行。

系统停运步骤如下：当确认控制系统已具备检修的条件，工艺操作人员同意将 PLC 系统操作权全部交出后，按照正确的方法退出监控程序，退出操作系统，关机。然后先关闭分电源开关，再关闭总电源开关。

4.10　练习

①查看自己计算机中的西门子软件是否成功授权。

②组态练习，如图 4-68 所示。

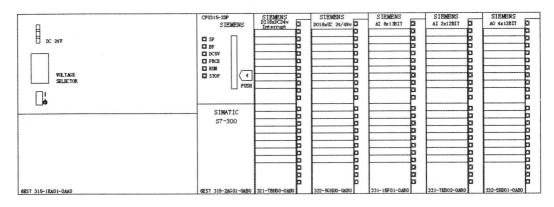

图 4-68　S7-300 PLC 系统组态练习

第 5 章　PLC 的编程与仿真

对于符合 IEC 61131-3 编程标准的 PLC，其不同品牌间编程语言的使用方法十分近似，所以学会了一种符合此标准的 PLC 编程，就会很快掌握另一种同样符合此标准的其他品牌 PLC 的编程（IEC 61131-3 标准请参看 4.3.3 节）。

本章将主要讲解梯形图编程。梯形图编程的两大元素是指令和数据寻址，对于系统集成与调试工程师来说，最好能掌握所有指令，这样才能游刃有余地针对不同的控制要求，通过使用最适合的指令，编写出最可靠、简捷的程序；而对于系统维护的工程师来说，则需要熟悉常用指令，能够编写一些简单程序，并能看懂别人的程序。而对于数据寻址，这两类工程师都需要完全掌握。

5.1　PLC 编程入门

PLC 系统的数字量控制与数字电路（逻辑电路）类似，都是输入信号通过设定的逻辑关系控制输出的。所以可以参照数字电路（逻辑电路）的研究方法，来研究 PLC 系统的数字量控制，比如逻辑表达式法、真值表法、逻辑图法和卡诺图法。本节将使用真值表法。

PLC 系统的数字量逻辑符合正逻辑体制，即用高电平表示逻辑 1 而低电平表示逻辑 0。对于 PLC 的输入模块来说，某通道中未通电时是低电平，为逻辑 0（以下将逻辑 0 简称为 "0"）；通电时是高电平，为逻辑 1（以下将逻辑 1 简称为 "1"）。对于输出模块来说，当某通道为 "0" 时，将表现为低电平，即断电或不导通；为 "1" 时，将表现为高电平，即通电或导通。

注意：若某输入通道外接的设备是常开触点，其常规状态（未动作时）是断开，即未通电，为低电平，逻辑值为 "0"；当其动作后，常开触点将闭合，即通电，为高电平，逻辑值为 "1"。若某输入通道外接的设备是常闭触点，其常规状态（未动作时）是闭合，即通电，为高电平，逻辑值为 "1"；当其动作后，常闭触点将断开，即未通电，为低电平，逻辑值为 "0"。可见，外接常闭触点的逻辑与外接常开触点时正好相反。所以编写 PLC 系统的数字量控制程序时，一定要弄清楚外接设备是常开触点还是常闭触点。

当我们说某数字量输入或输出通道的逻辑值为 "0" 或 "1" 时，到底指的是谁的逻辑值呢？指的是某通道对应的内存地址的逻辑值。在程序中使用内存地址（西门子 S7-300/400 PLC 除了输入、输出通道对应的内存地址，还有其他内存地址，这些内存地址叫作系统存储区，详见 6.1.1 节），就叫作数据寻址。如图 5-1 中的输入地址 I0.0 和输出地址 Q0.0，就是输入或输出通道对应的内存地址。

下面的 8 个案例将通过使用真值表法，清楚地列出每个问题输入与输出间的逻辑关系，进而解决 PLC 数字量的编程问题。

5.1.1 案例1——门铃控制

如图5-1的控制要求为：按下门铃按钮，门铃发出响声，若不松开，响声一直持续；若松开按钮，响声立刻停止。

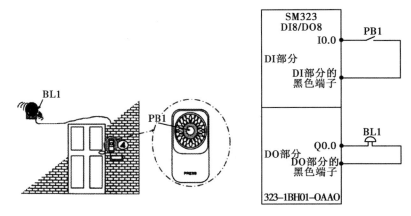

图5-1 门铃控制系统及接线示意图

I/O分配：门铃按钮PB1的PLC地址为I0.0，门铃BL1的PLC地址为Q0.0。

分析：

由于输入地址I0.0外接的PB1为常开按钮，所以当其"未按下时"，通道中没有通电，逻辑真值（以下简称真值）为"0"。然后，根据控制要求写出输出地址Q0.0的逻辑：当"门铃按钮未按下时"，门铃不能响，所以当I0.0为"0"时，Q0.0也为"0"。而当其被"按下时"，通道通电，逻辑为"1"。根据控制要求写出Q0.0的逻辑：当"门铃按钮按下时"，门铃发出响声，所以当I0.0为"1"时，Q0.0也为"1"，见表5-1。

表5-1 案例1的真值表

I0.0	Q0.0	
0	0	门铃按钮未按下时
1	1	门铃按钮按下时

下面我们看如何使用真值表法编写数字量控制程序。

由表5-1可见，I0.0与Q0.0的真值都相同，换句话说I0.0的真值没有经过取反就赋值给Q0.0，所以程序如图5-2所示。

程序段1：标题：

图5-2 门铃控制系统的PLC程序

5.1.2 PLC 的输入如何通过程序控制输出

在图 5-1 所示的案例中，由于开关与灯之间隔着 PLC，所以它们的关系取决于 PLC 中的控制程序。比如，通过不同的 PLC 程序，我们可以让开关闭合时灯亮，也可以让开关闭合时灯灭，或者让开关闭合几秒钟后灯亮，再或者让开关闭合几次后灯亮。

根据案例 1 的控制要求，编写出了如图 5-2 的程序。

那么，PLC 系统的数字量输入是如何通过程序来控制现场的输出的？下面以 5.1.1 节的案例 1 进行阐述。

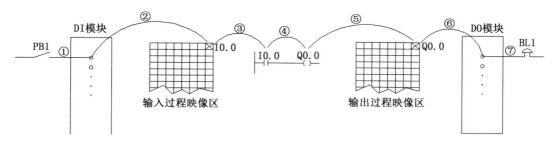

图 5-3 PLC 系统数字量控制的数据流示意图

如图 5-3，对于 PLC 的数字量控制，其输入与输出间的数据流可分为①~⑦步。

①是 DI 模块的外部接线。在本例中当 PB1 断开时，①中没有电流；PB1 闭合后，①中产生电流。

②是 DI 模块和输入过程映像区的连接。在本例中，PB1 通过②连接到的输入映像区的地址是 I0.0。这个连接可以在硬件组态软件中修改。（参考 4.3.2 节的图 4-32）

③是程序指令的寻址，也可以理解为程序对输入地址的引用。有了③，PB1 的状态就可以在程序中处理了。

④是程序的执行。在 PLC 工作在 RUN 模式时，根据 PLC 的程序扫描原则，PLC 按先左后右、先上后下的顺序对每条程序进行扫描。按照本例程序的逻辑关系，经过④，Q0.0 的状态与 I0.0 完全相同。

⑤与③类似，也是程序指令的寻址，或者理解为程序对输出地址的引用。

⑥是 DO 模块和输出过程映像区的连接。在本例中，BL1 通过②连接到输出过程映像区的地址是 Q0.0。类似于②，这个连接也可以在硬件组态软件中修改。

⑦是 DO 模块的硬件线。在本例中当 Q0.0 为 "1" 时，⑦通电，BL1 发出响声；反之，当 Q0.0 为 "0" 时，⑦断电，BL1 不发出响声。

若上述①~⑦的任一步中出现错误，按下 PB1，BL1 都不会有反应。

5.1.3 案例 2——容器注水

如图 5-4 为一个容器，当浮阀 FL1 在中部及底部时，进水阀 VL1 便一直为 ON 的状态，即一直注水；而由于水位的升高而使浮阀 FL1 到达顶部时，进水阀 VL1 变为 OFF 状态，即停止注水。当水位再次下降使 FL1 的触点打开时，进水阀 VL1 便会再次 ON。

I/O 分配：浮阀传感器（测水位）FL1 的 PLC 地址为 I2.0，进水阀 VL1 的 PLC 地

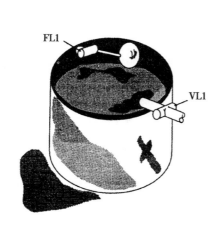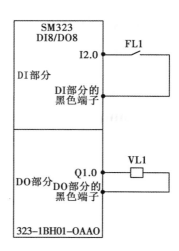

图5-4 容器注水系统及接线示意图

址为 Q1.0。

分析：

当浮阀 FL1 在中部及底部时，由于常开触点无法闭合，I2.0 所对应的通道没有通电，其真值为"0"，根据控制要求，VL1 为 ON，即真值需要为"1"；当浮阀 FL1 在顶部时，其常开触点闭合，I2.0 所对应的通道通电，真值为"1"，根据控制要求，VL1 变为 OFF，即真值需要为"0"，见表5-2。

表5-2   案例 2 的真值表

I2.0	Q1.0	
0	1	浮阀在中部及底部时
1	0	浮阀在顶部时

由表5-2可见，I2.0 的真值与 Q1.0 的真值在任何时候都相反，或者说，I2.0 的真值取反赋给 Q1.0，程序如图5-5所示，其中（a）与（b）的控制效果相同。

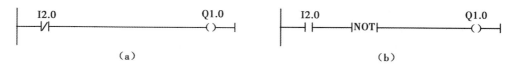

图5-5 容器注水系统的 PLC 程序

5.1.4 案例 3——冰箱照明

如图5-6为冰箱照明系统，假设冰箱中使用 PLC 作为控制器，当冰箱门关闭时，冰箱中的照明灯 LP 不亮；当冰箱门打开时，冰箱中的照明灯 LP 点亮。

I/O 分配：行程开关 SQ 的 PLC 地址为 I2.0，冰箱中照明灯 LP 的 PLC 地址为 Q1.0。

请读者自行分析并写出程序。

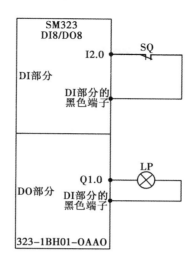

图 5-6　冰箱照明系统及接线示意图

5.1.5　案例 4——火灾探测与报警

如图 5-7 所示，为火灾探测与报警系统，其中感烟火灾探测器能够自动检测周围环境中的烟雾浓度。当烟雾浓度达到或超过报警值时，火灾声光报警器开始报警。当周围环境的烟雾浓度降到报警值以下时，火灾声光报警器停止报警。

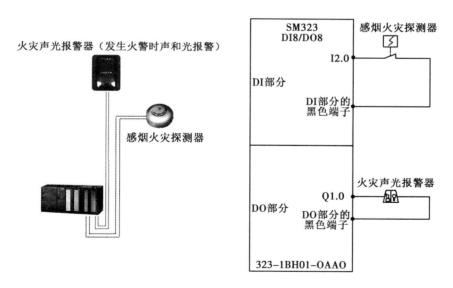

图 5-7　火灾探测与报警系统及接线示意图

I/O 分配：感烟火灾探测器的 PLC 地址为 I2.0，火灾声光报警器的 PLC 地址为 Q1.0。

请读者自行分析并写出程序。

5.1.6 案例5——入侵探测与报警

如图 5-8 为入侵探测与报警系统，其中 A 与 B 为安装在窗户两侧的两组对射型红外线栅栏。当有物体挡住红外线栅栏中的部分或全部光束时，其常开触点闭合。本例中，当 A 或 B 中的任何一组探测到物体时，报警器开始报警；当 A 或 B 都没有探测到物体时，报警器不会报警。

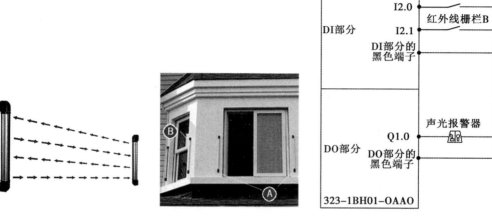

图 5-8 入侵探测与报警系统及接线示意图

I/O 分配：红外线栅栏 A、B 的 PLC 地址分别为 I2.0 和 I2.1，声光报警器的 PLC 地址为 Q1.0。

分析：

当 A 或 B 中的任何一组探测到物体、A 和 B 均探测到物体时，其常开触点闭合，对应的通道通电，报警器开始报警，真值见表 5-3 的后三行；当 A 和 B 都没有探测到物体时，报警器不会报警，真值见表 5-3 的第二行。

表 5-3 案例5的真值表

I2.0	I2.1	Q1.0	
0	0	0	A、B 均未探测到物体
0	1	1	仅 B 探测到物体
1	0	1	仅 A 探测到物体
1	1	1	A、B 均探测到物体

由表 5-3 可见，I2.0 与 I2.1 是"或"的逻辑关系，程序如图 5-9 所示。

图 5-9 入侵探测与报警系统的 PLC 程序

图 5-9 的程序是否可以写成图 5-10 的形式呢？

答案是：不能。

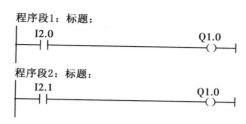

图 5-10　入侵探测与报警系统的 PLC 程序

在图 5-10 的程序中，程序段 1 和 2 都对地址 Q1.0 进行"写操作"，当这两个程序段对 Q1.0 "写入"的真值不同时，将出现冲突。这种对某一个地址进行"写操作"的错误，常被叫作双线圈输出错误，或重复写入。

那么错在哪里了呢？

请看图 5-11，其中（a）为 I2.0 通道通电、而 I2.1 通道断电时的状态。在程序段 1 中，I2.0 通电使 Q1.0 的真值变为"1"。但是 PLC 的工作原理是执行一遍所有的程序之后，再进行输出刷新，所以 PLC 完成程序段 1 的扫描后，没有刷新输出，而紧接着在程序段 2 中，Q1.0 的真值却被 I2.1 变为了"0"，然后输出刷新时便以后面程序的这个结果为准。所以图 5-11（a）的现象是，仅当 I2.0 通电时，Q1.0 并不为"1"。（b）为 I2.0 通道断电、而 I2.1 通道通电时的状态。在程序段 1 中，I2.0 断电使 Q1.0 的真值为"0"，由于没有执行完所有的程序，输出没有刷新。在程序段 2 中，I2.1 通电使 Q1.0 的真值变为"1"，然后输出刷新。所以图 5-11（b）的现象是，仅当 I2.1 通电时，Q1.0 为"1"。

因此，由于 PLC 的程序扫描与输出刷新的关系，当两段或多段程序都对同一个地址进行"写操作"时，只有最后一个执行"写操作"的程序有效，前面对其地址执行"写操作"的程序均失效。

注意： 当图 5-10 所示程序的两个程序段由于其他指令的作用（比如跳转指令），而使这两个程序段中的某一个被 CPU 扫描时，另一个恰好不被扫描。或者，这两个程序段在两个不同的 FB 或 FC 内，而这两个 FB 或 FC 被合理地控制成不同时被扫描，那么这两个程序段就不会出现冲突。

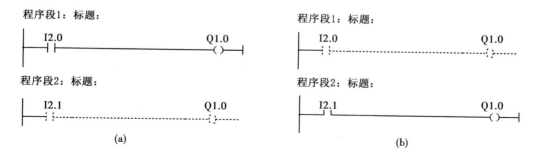

图 5-11　入侵探测与报警系统的 PLC 程序

5.1.7 案例6——自动盖章机

如图5-12为一个自动盖章机，PC1和PC2为两个光电传感器，它们用来检测传送带上物体的位置。当PC1和PC2同时检测到物体时，可以盖章，即盖章机构ST1产生动作；若只有一个光电传感器检测到物体，则不盖章，即盖章机构ST1不产生动作。

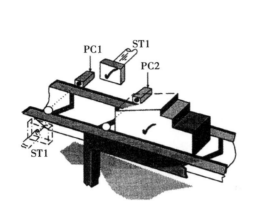
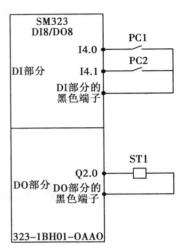

图5-12 自动盖章机系统及接线示意图

I/O分配：光电传感器PC1的PLC地址为I4.0，光电传感器PC2的PLC地址为I4.1，盖章机构ST1的PLC地址为Q2.0。

请读者自行分析并写出程序。

5.1.8 案例7——瓶子传送带

如图5-13为输出瓶子的传送带，其中PC1和PC2是两个光电传感器。PC1是用来

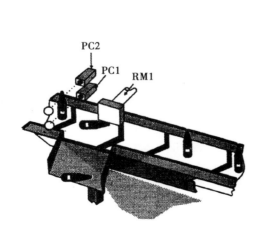
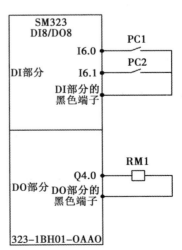

图5-13 瓶子传送带系统及接线示意图

检测瓶子底部的，PC2 是用来检测瓶子顶部的。当两个光电传感器都检测到瓶子时，说明瓶子是直立的，瓶子可以到下面的工位中去灌入饮料；但是如果只有 PC1 检测到瓶子，而 PC2 未检测到瓶子，则说明瓶子是倒下的，需要用推出臂 RM1 将它推出传送带。

I/O 分配：光电传感器 PC1 的 PLC 地址为 I6.0，光电传感器 PC2 的 PLC 地址为 I6.1，推出臂 RM1 的 PLC 地址为 Q4.0。

请读者自行分析并写出程序。

5.1.9　案例 8——双重控制

如图 5-14 为双重控制，即两地控制系统。

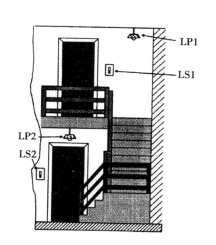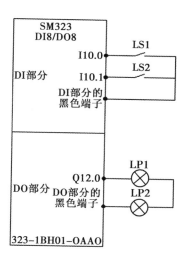

图 5-14　双重控制系统及接线示意图

其中，两盏灯 LP1 和 LP2 接线接到了 PLC 的同一个输出点，所以它们一起点亮或者一起关闭。在一楼可以通过 LS2 点亮或关闭灯，在二楼可以通过 LS1 点亮或关闭灯，可以在一楼点亮灯再到二楼关闭，同样可以在二楼点亮灯再到一楼关闭。总之，在一楼或二楼的任意位置改变一次开关的状态，灯的状态就相应改变一次。

I/O 分配：一楼开关 LS2 的 PLC 地址为 I10.1，二楼开关 LS1 的 PLC 地址为 I10.0，一楼及二楼灯 LP1、LP2 的 PLC 地址为 Q12.0。

分析：本例中外接的 LS1 与 LS2 为普通的墙壁开关，而不是单刀双掷或双控开关，电路为图 5-14 的电路，并不是其他复杂的电路。先假定两个开关都断开时，灯不亮；有任何一个开关闭合时，灯亮；两个都闭合时，灯灭，如表 5-4 所示。

表 5-4　　　　　　　　　案例 8 的真值表

I10.0	I10.1	Q12.0
0	0	0
0	1	1
1	1	0
1	0	1

由表 5-4，使 Q12.0 的真值为"1"的有两行，则这两行写出的程序一定是并联，见图 5-15。

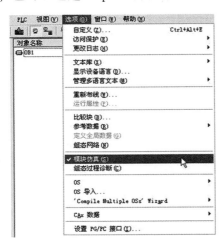

图 5-15　双重控制系统的 PLC 程序

5.2　仿真软件 S7-PLCSIM 的使用

S7-PLCSIM 是 Step7 软件的仿真软件，它可以仿真 S7-300/400 PLC 的程序。

如图 5-16 所示，仿真软件可以通过 Step7 软件菜单栏的"选项"→"模块仿真"打开，也可以通过 Step7 主界面中的图标打开，打开后如图 5-17 所示。

（a）通过菜单栏打开　　　　　　　　（b）通过图标打开

图 5-16　仿真软件 PLCSIM 的打开

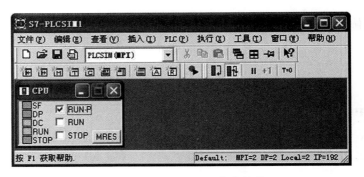

图 5-17　S7-PLCSIM 仿真软件

5.2.1　仿真的基本操作

仿真软件打开后，编程电脑与 PLC 之间的连接方式一般会自动变为 "PLCSIM（MPI）"，即编程电脑与仿真 PLC 连接，如图 5-18 所示。

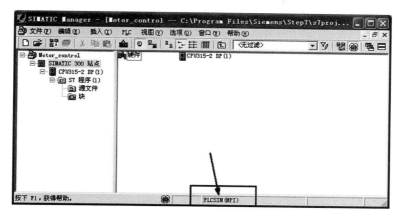

图 5-18　编程电脑与 PLC 之间当前的连接方式

当图 5-18 中的连接方式变为 "PLCSIM（MPI）" 后，便可以进行仿真操作了。仿真时，从 Step7 的角度看：组态、编程、下载、在线的操作都和用真正的 PLC 一样。而从 PLC 的角度看，真正的 PLC 有 CPU、数字量输入输出和模拟量输入输出，仿真 PLC 的 CPU、输入输出都是仿真出来的。下面分别介绍一下 CPU、输入输出模块的仿真。

（1）CPU 模块的仿真

如图 5-19，仿真的 CPU 模块有 LED 指示灯和模式选择开关。

图 5-19　仿真软件中的 CPU 模块

仿真调试时要像使用实际的 PLC 一样，经常观察 LED 指示灯的状态，遇到故障及时诊断。其中，"SF" 为系统故障指示灯；"DP" 为 Profibus-DP 网络故障指示灯；"DC" 为内部芯片 5V 供电状态指示灯，仿真时一般为绿色常亮状态；"RUN" 和 "STOP" 为 CPU 的工作状态指示，"RUN" 状态时，程序正常运行，"STOP" 状态时，程序停止运行。

对于模式选择开关，"RUN-P" 和 "RUN" 的区别在于："RUN-P" 为 "可编程运行模式"，在此模式下，可以下载程序，而在 "RUN" 模式下无法下载程序，所以仿真时一般选择 "RUN-P" 模式。"STOP" 为 "停机模式" 选择开关，一般在需要重新启动 CPU 时，点击一下 "STOP" 所对应的小方框，然后点击一下 "RUN-P" 所对应的小方框即可。"MRES" 为 CPU 模块复位按钮，点下此按钮后，仿真 PLC 中的用户程序和数据都会自动清空。一般在仿真新的程序前，建议点击 "MRES" 做一次程序和数据的清空操作。

（2）输入输出模块的仿真

下面以图 5-20 的程序为例说明输入输出模块的仿真方法。

图 5-20　需要仿真的程序

按照 4.3 节中的步骤在 Step7 中创建工程、组态、将图 5-20 的程序编写好、打开仿真软件后，像下载真正 PLC 程序的方法一样，将图 5-20 的程序下载到仿真器中去。最后根据所仿真程序的需要，在仿真器中"插入"输入或输出模块，如图 5-21 所示。在汉化版的仿真软件中，"输入变量 IB（I）"是指仿真的输入模块，包括 DI 和 AI；"输出变量 QB（Q）"是指仿真的输出模块，包括 DO 和 AO；"标志位 MB（M）"则用来仿真 M 区的变量。

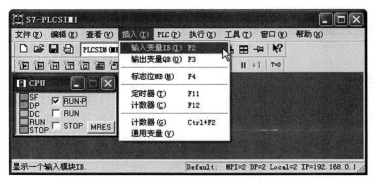

图 5-21　仿真器中"插入"模块的方法

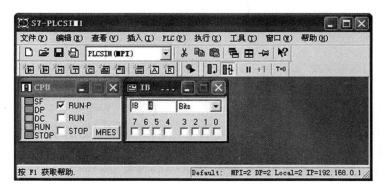

图 5-22　根据程序中的 I/O 地址修改相应字节号

插入 DI 模块后，根据需要仿真的程序的 I/O 地址，将 IB 的字节号进行修改，本例中将"0"改成"4"，如图 5-22 所示。同样的，插入 DO 模块，并将其字节号修改为"6"，完成后如图 5-23 所示。其中"IB4"下面的 8 个复选框"0～7"分别代表"I4.0～I4.7"；同样地，"QB6"下面的 8 个复选框"0～7"分别代表"Q6.0～Q6.7"。

对于仿真的 DI 模块，可以用鼠标点击某一个复选框来"仿真"某个 DI 的通道得电

（或产生高电平）。请注意，这里并不是"仿真"这个接到 DI 模块的开关或按钮动作，而是"仿真"了 DI 的某通道得电。因为如果接到 DI 模块的开关或按钮是常开的触点，则其动作时常开触点闭合，它的通道便得电；但是如果接到 DI 模块的开关或按钮是常闭的触点，则其动作时常闭触点断开，它的通道便失电。换句话说，如果我们仿真的是常开的开关或按钮，那么点击相应的复选框使之出现"☑"，便代表了"仿真"该开关或按钮动作，即常开触点闭合。再次点击相应的复选框使之变回"☐"，便代表了"仿真"该开关或按钮恢复断开状态。而如果我们仿真的是常闭的开关或按钮，那么，首先应该点击相应的复选框使之出现"☑"，便代表了"仿真"该开关或按钮处在常闭的状态。再次点击相应的复选框使之变成"☐"，便代表了"仿真"该开关或按钮动作，即常闭触点断开。

对于仿真的 DO 模块，其复选框是"☑"还是"☐"由程序自动决定。

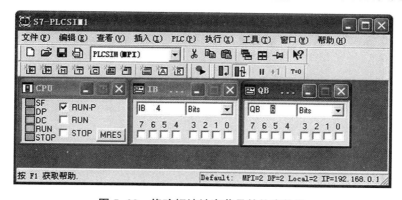

图 5-23   修改好地址字节号的仿真软件

如图 5-24 便为前文中图 5-20 程序的仿真，当我们选中 I4.3 所对应的复选框时，Q6.1 所对应的复选框自动变为"☑"。

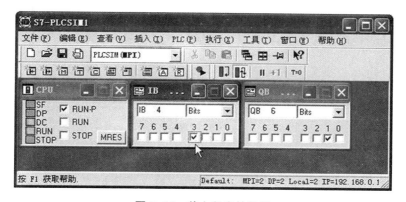

图 5-24   前文程序的仿真

注意：由于仿真时不下载或下载了错误的组态，一般都不会影响程序的仿真。而使用真正的 PLC 时，组态中的 I/Q 地址编号如果和程序中使用的 I/Q 地址编号不同，程序便无法连接到实际的 I/O。因此，不要认为仿真成功了，程序就一定是好用的，一定要在程序仿真成功后检查组态。

5.2.2 仿真软件的特殊功能

除了仿真常规的程序外，S7-PLCSIM 还有一些特殊的功能。

（1）单周期扫描

正常情况下，PLC 中的程序是一个周期跟着一个周期不间断地执行的。而使用单周期扫描的功能，程序执行一个周期后需要手动点击"+1"，程序才会执行下一个周期。

对于那些在正常情况下"一闪而过"的程序逻辑变化，可以利用仿真软件的单周期扫描功能，一个周期一个周期地慢慢观察。"单周期扫描"功能的控制栏如图 5-25 所示。

真正的 PLC 没有此功能。

图 5-25 "单周期扫描"功能控制栏

（2）故障仿真

故障仿真的功能可以仿真 PLC 外部的一些故障，利用此功能可以测试用户程序中的故障处理程序的正确性（对于西门子 S7-300/400 PLC，故障处理程序需要编写在对应故障类别的 OB 中，如果用户程序中没有这些 OB，则意味着没有故障处理程序）。"故障仿真"功能控制栏如图 5-26 所示。

图 5-26 "故障仿真"功能控制栏

（3）通讯仿真

S7-300/400 PLC 与 ET200 的 Profinet-IO 或 Profibus-DP 通讯可以仿真，其中

Profibus-DP 的 ET200 通讯还可以用上述故障仿真的方法仿真某个站点的故障及恢复。而对于 S7-300/400 的 CPU 或 CP 之间的通讯则不能都仿真。如果使用 S7-PLCSIM V5.4 SP3 及以上版本的仿真软件，还可以仿真 CPU 或 CP 之间的 Profinet 通讯或 S7 通讯。

5.3　PLC 的常用程序

5.3.1　案例 9——与、或、非、同或、异或

①与：只有当 I0.0 和 I0.1 的真值都为"1"时，Q0.0 的真值才能为"1"，如图 5-27。

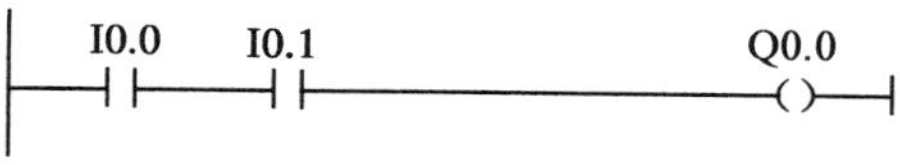

图 5-27　位逻辑与的梯形图程序

②或：只要 I0.0 或者 I0.1 的任一个真值为"1"，Q0.0 的真值便为"1"，如图 5-28。

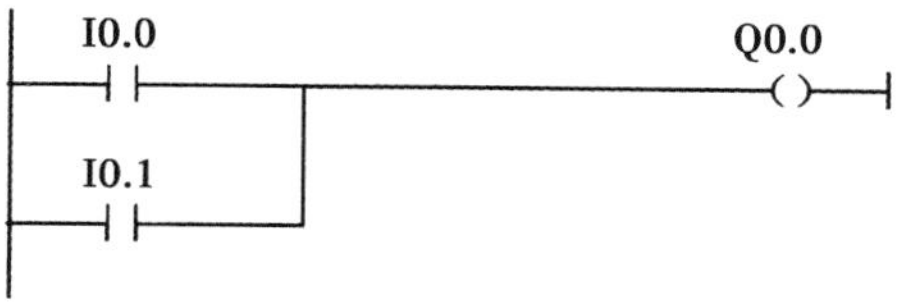

图 5-28　位逻辑或的梯形图程序

③非：当 I0.0 的真值为"1"时，Q0.0 的真值为"0"；反之亦反，如图 5-29。

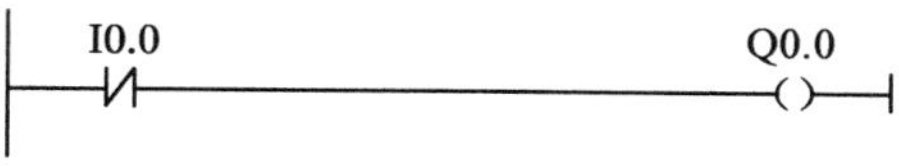

图 5-29　位逻辑非的梯形图程序

④同或：只有当 I0.0 和 I0.1 的真值相同时，Q0.0 的真值才为"1"，如图 5-30。

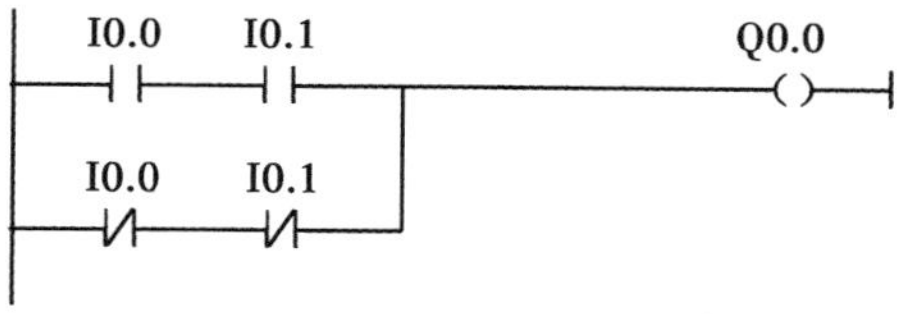

图 5-30　位逻辑同或的梯形图程序

⑤异或：只有当 I0.0 和 I0.1 的真值不同时，Q0.0 的真值才为"1"，如图 5-31。

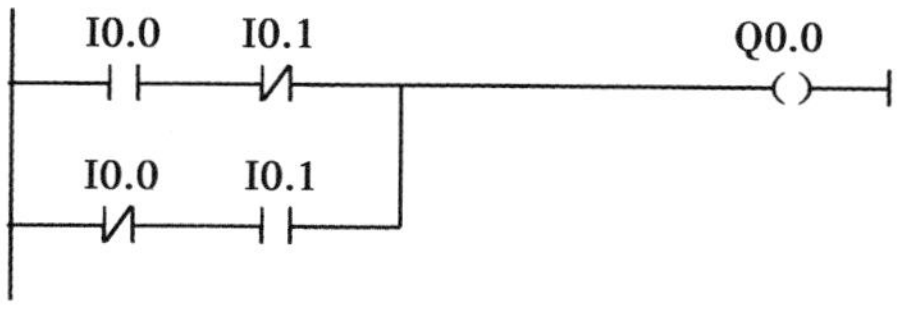

图 5-31　位逻辑异或的梯形图程序

5.3.2 案例10——启动和复位（停止）控制程序（自锁程序）

如图5-32，I10.0接启动按钮，I10.1接复位（停止）按钮，电机的接触器接Q10.0。其启动和停止的程序如图5-33~图5-36所示。

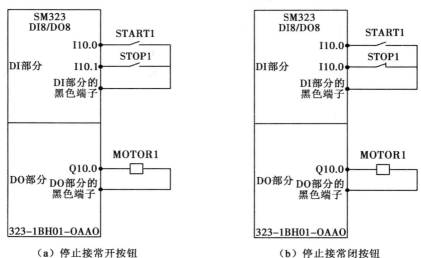

（a）停止接常开按钮　　　　　　　（b）停止接常闭按钮

图5-32　电机启动和停止系统的接线图

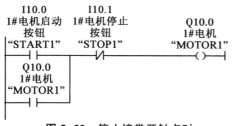

图5-33　停止接常开触点时
电机启动和停止的PLC程序

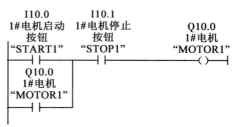

图5-34　停止接常闭触点时
电机启动和停止的PLC程序

程序段1：1#电机启动程序

程序段2：1#电机停止程序

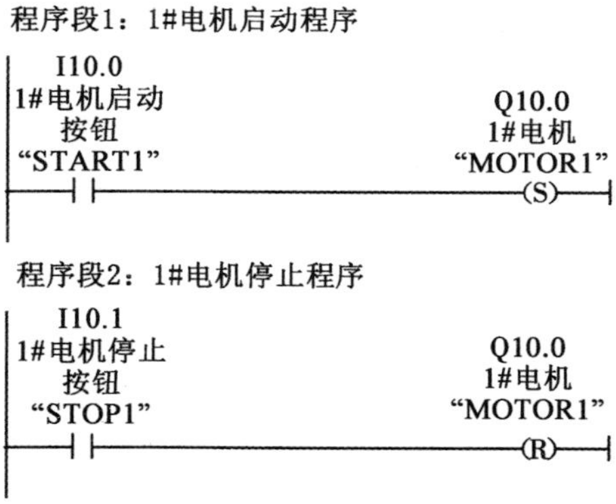

图5-35　停止接常开触点时电机启动
和停止的PLC程序（利用S、R指令）

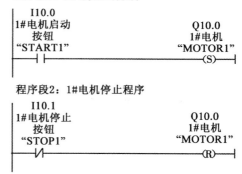

程序段1：1#电机启动程序

程序段2：1#电机停止程序

图5-36　停止接常闭触点时电机启动
和停止的PLC程序（利用S、R指令）

自锁结构也可以通过同时使用 S 指令和 R 指令来实现，如图 5-35 和图 5-36。

如果对图 5-33 和图 5-36 的程序不理解，可以参照上述案例中的真值表法进行分析，此处略。

对于图 5-35 和图 5-36，如果不小心同时按下电机的启动和停止按钮，会有什么样的结果？

答案是电机会停止，是因为 R 指令相对 S 指令在后面（请参考 5.1.6 节中图 5-10 程序的讲解）。对于图 5-35 和图 5-36，如果需要同时按下电机的启动和停止按钮后，电机的状态是启动，那么将程序段 1 和 2 的位置调换一下，使 S 指令相对 R 指令在后面，再重新保存下载即可。

如果使用集成的 SR 或者 RS 指令，就可以很容易地管理 S 或 R 的优先级了。

注意：此示例使用电动机启动与停止的控制作为例子，其实实际程序中很多地方都可以使用到启动和复位控制结构，大家的思路要开阔，不要被本例局限。

比如可以利用 M 区域的地址替代例子中的 Q 地址，实现在 PLC 内部某些位变量或程序段的锁存和复位。

5.3.3 案例 11——互锁程序

如图 5-37 为电机正反转控制的电路图，图 5-38 为其正反转的启停及互锁程序。除了电机正反转以外，变频器的工频与变频的切换及一些不可以同时运行的程序段之间也需要互锁的程序。

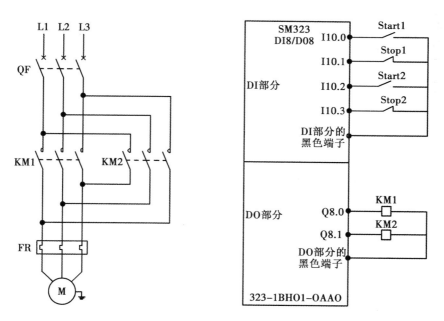

图 5-37　电机正反转控制的主电路及控制电路

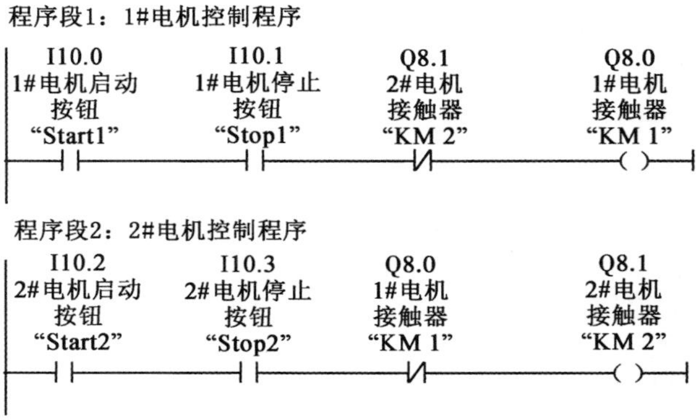

程序段1：1#电机控制程序

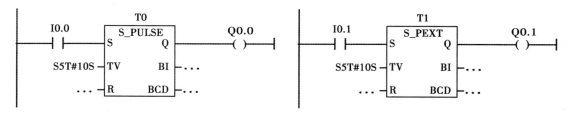

图5-38　电机正反转控制程序

5.3.4　案例12——延时通断控制程序

在PLC的实际应用中，延时通断的控制通常可使用定时器指令（或定时器及计数器指令的组合）来实现，所以说延时通断控制问题本质上是结合时间的逻辑问题。

（1）基本的延时控制

请测试如图5-39~图5-43的程序，并结合指令的帮助，体会S_PULSE、S_PEXT、S_ODT、S_ODTS及S_OFFDT定时器的工作方式。这五种定时器的工作方式都不相同，在体会时，主要体会两个方面：第一，体会这些定时器指令的触发是需要维持住高电平的条件（保持1信号），还是不需要维持住高电平的条件（单脉冲信号）？第二，体会这些定时器指令在何时输出？是在计时过程中，还是计时结束后，或是在计时结束后断开输出？

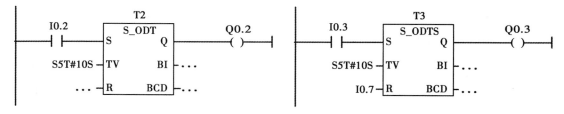

图5-39　S_PULSE定时器的测试程序　　　　图5-40　S_PEXT定时器的测试程序

图5-41　S_ODT定时器的测试程序　　　　图5-42　S_ODTS定时器的测试程序

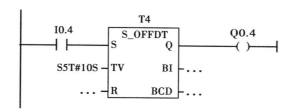

图 5-43　S_OFFDT 定时器的测试程序

（2）顺序延时接通控制

顺序延时接通控制，即顺序控制，是指多个被控对象相隔一定的时间，有顺序地依次启动。实现这种控制的程序有很多种。

①利用多个定时器，如图 5-44 所示。

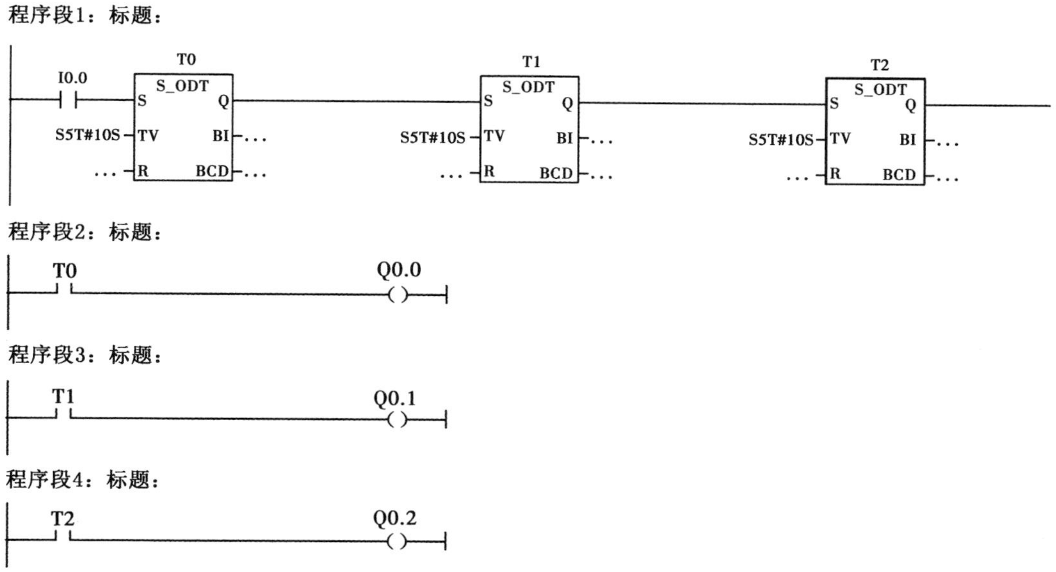

程序段1：标题：

程序段2：标题：

程序段3：标题：

程序段4：标题：

图 5-44　利用定时器实现顺序接通控制

可以试着用 3 个 S_PULSE 定时器改写图 5-44 的程序，也可以试着用 3 个 S_OFFDT 定时器改写图 5-44 的程序。

②利用计数器、比较器及系统的时钟脉冲位实现，如图 5-45。

其中，M10.5 是 PLC 的时钟脉冲位，周期为 1s。时钟脉冲的功能在硬件组态的 CPU 属性中设置，如图 5-46 所示。

在 Step7 中，时钟脉冲位又叫作时钟存储器。如果激活时钟存储器的功能，那么其 8 个周期不同的脉冲位（每个位的周期及频率见表 5-5）将占用 M 区的 1 个字节的空间。在图 5-46 中，在"时钟存储器"的前面打上对勾"☑"，代表激活了时钟脉冲位的功能；将"存储器字节"设置为"10"，代表那 8 位时钟脉冲占用了 M 区的 MB10。如果 M 区的 MB10 被占用了，这个地址就不能用于其他的程序运算了。

当然，如果"时钟存储器"的前面没有打上对勾，那么时钟脉冲的功能便没有激活。

程序段1：标题：

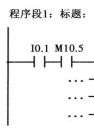

程序段3：标题：

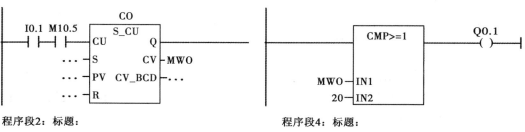

程序段2：标题：

程序段4：标题：

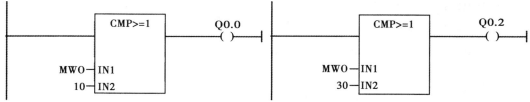

图5-45 利用计数器、时钟存储器及比较器实现顺序接通控制

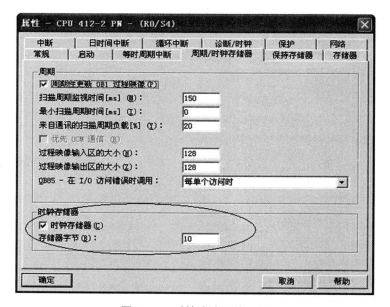

图5-46 时钟脉冲位的设置

表5-5 时钟存储器各位的周期及频率

位	7	6	5	4	3	2	1	0
周期/s	2	1.6	1	0.8	0.5	0.4	0.2	0.1
频率/Hz	0.5	0.62	1	1.25	2	2.5	5	10

注意：系统的时钟存储器中各位的频率是固定的，无法更改。

时钟存储器中可以任意设定 M 区域的字节位，即本例中的"10"是可以为任意数字的，但不能超过所使用的 CPU 所支持的 M 区域的大小。若设定为"16",则周期为 1s 的位便为"M16.5"。

若使用时钟存储器的功能,则必须在设置后重新将组态信息编译并下载。

另外,在本例中,两种编程方法中的"I0.0"若为不能保持的信号,即"I0.0"若为单脉冲信号,便需要编写自锁结构的程序将其锁存住。

(3)长时间延时控制

受数据存储格式的限制,PLC 中定时器的定时时间是有限的,如 S5TIME 的格式所能存储的时间不超过 2 小时 46 分 30 秒。若想获得长时间定时,可用多个定时器串联、多个定时器与计数器串联或者使用 IEC 定时器。

如果想让西门子 S7-300/400 PLC 实现在某日某时某刻执行某种程序,除了用长时间延时外,使用 OB10(日时间中断)将更加方便。

5.3.5　案例 13——脉冲发生器控制程序

(1)单周期脉冲发生器控制

如图 5-47 所示程序为:当 I0.0 由低电平变成高电平(产生上升沿)时,产生单周期脉冲。

如图 5-48 所示程序为:当 I0.0 由高电平变成低电平(产生下降沿)时,产生单周期脉冲。

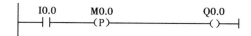

图 5-47　使用上升沿指令产生单周期脉冲

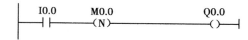

图 5-48　使用下降沿指令产生单周期脉冲

图 5-47 与图 5-48 的程序产生的单周期脉冲相同,只是激发的时机不同。

(2)占空比可调脉冲发生器控制

利用定时器可以方便地产生方波脉冲序列,且占空比可根据需要灵活地改变。如图 5-49 中,定时器 T1 的时间 S5T#10s 为 Q0.0 维持高电平的时间 10s。而定时器 T0 的时间 S5T#5s 便为 Q0.0 维持低电平的时间 5s。

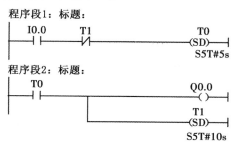

图 5-49　占空比可调脉冲发生器控制程序

说明:在本例中 I0.0 需要维持高电平。

5.3.6 案例 14——循环式顺序控制程序

循环式顺序控制是指在控制过程中，被控对象按动作顺序完成启动、停止等动作，且循环往复。如果想让 Q0.0、Q0.1、Q0.2 执行顺序循环控制程序，可以有以下几种方法。

①利用定时器，如图 5-50 所示。

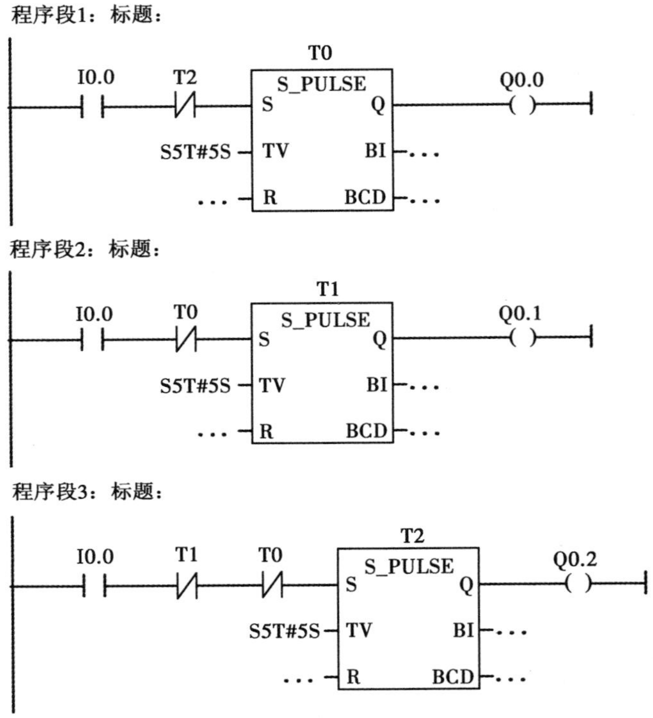

程序段1：标题：

程序段2：标题：

程序段3：标题：

图 5-50 利用 S_PULSE 定时器实现顺序循环控制的程序

上面的程序可以通过设定 T0、T1、T2 的时间，来实现灵活时间的顺序循环控制。请体会图 5-50 与图 5-44 的区别。

可以试着用 3 个 S_ODT 定时器改写图 5-50 的程序。也可以试着用 3 个 S_OFFDT 定时器改写图 5-50 的程序。

②用计数器、比较器指令实现，如图 5-51 所示。

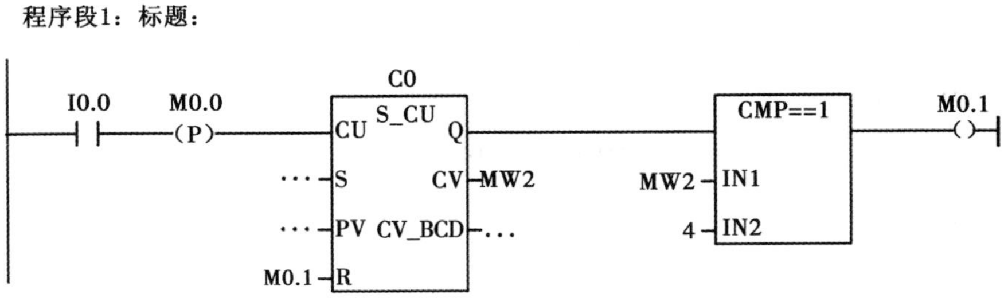

程序段1：标题：

程序段2：标题：

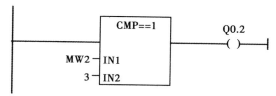

程序段3：标题：

程序段4：标题：

图 5-51 利用计数器及比较器实现顺序循环控制的程序

注：CMP＝＝1 即比较器中整数相等比较指令，在指令库中为 "EQ_I"。

图 5-51 是当 I0.0 每次产生上升沿时切换 Q0.0、Q0.1、Q0.2；而图 5-50 是当 I0.0 为高电平时依据 T1、T2、T3 设定的时间自动地切换 Q0.0、Q0.1、Q0.2。

5.3.7 案例 15——分支结构控制程序

当我们需要根据所检查的条件执行相应的程序时，可以使用分支结构。一般在高级计算机语言中都存在分支结构，比如 C 语言中的 if、else、switch 等。

如图 5-52 和图 5-53 所示，分别为两分支和多分支的梯形图程序结构示例。

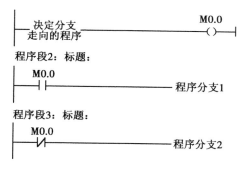

图 5-52 两分支的程序结构示例

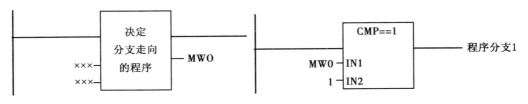

图 5-53 多分支的程序结构示例

5.3.8 案例 16——循环结构控制程序

循环是指在满足某个条件之前反复执行一段或几段程序。一般在高级计算机语言中都存在循环结构，比如 C 语言中的 while 和 for 循环。

图 5-54 中的程序是循环结构控制程序在梯形图中实现的一个例子。

程序段1：数据初始化

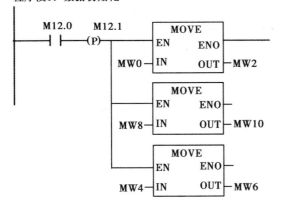

程序段2：数据的测试与更新

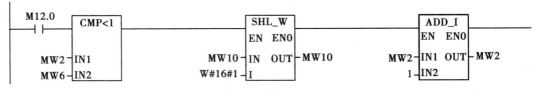

图 5-54 利用循环结构决定移位

5.4   练习

①火灾探测与报警。

如图 5-55 所示，用两个感烟火灾探测器探测房间的烟雾浓度，当烟雾使两个探测器中任何一个的常闭触点断开，都会触发火灾声光报警器报警。而当两个感烟火灾探测器的常闭触点均恢复常闭状态时，火灾声光报警器才会停止报警。

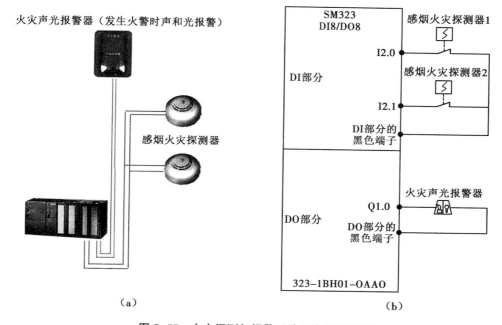

图 5-55   火灾探测与报警系统示意图及接线图

I/O 分配：感烟火灾探测器 1、2 的 PLC 地址分别为 I2.0 与 I2.1，火灾声光报警器的 PLC 地址为 Q1.0。

②大型电机启动时，按动启动按钮 PB1，润滑油泵会先启动以注入润滑油，15s 后主电机自动启动。停止电机时，按动停止按钮 PB2，主电机先停止，10s 后润滑油泵自动停止，电路及 I/O 分配如图 5-56 所示。

③传送带，又叫传送带输送机，是现代物料搬运系统机械化和自动化不可缺少的组成部分。它可以完成车间内部物料的传送，也可以完成企业内部、企业之间，甚至城市之间的物料传送。

如图 5-57（a）为一条皮带式的传送带，这种传送带在运行时，有可能会跑偏，也有可能会打滑。所以一般这种皮带都会安装用于检测跑偏的行程开关 LS1 和检测打滑的开关 LS2。（比较长的皮带会安装多个检测跑偏和打滑的开关）同时，为了现场的安全，在传送带的两侧一般还安装有拉线式的急停开关 SB3。传送带的启动按钮为 PB1，停止按钮为 PB2。按下 PB1 时，如果拉线式急停开关 SB3 没有被拉线（拉线式急停开关被拉线与蘑菇头式急停开关被按下是同样的意思，即常闭触点断开），传送带即可启动。传送带启动后，如果检测到跑偏或者打滑，则延时 2s 后传送带自动停止。如果在这 2s

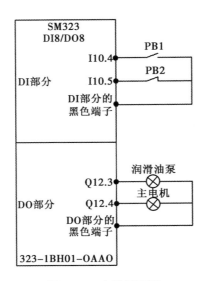

图 5-56 电路示意图

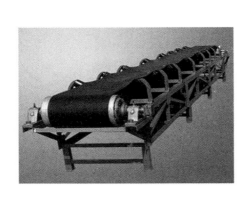

（a）

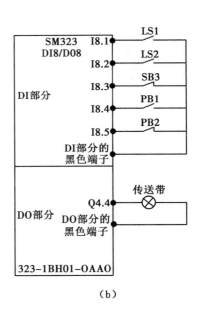

（b）

图 5-57 皮带式传送带输送机及本题的电路示意图

内，跑偏或打滑信号消失，传送带则不会停止；如果拉线式急停开关被拉线，传送带会立即停止。其电路示意图及 I/O 分配如图 5-57（b）所示。

④皮带式传送带组的控制，皮带机组见图 5-58。

为防止由于某条皮带的启动而使物料在下方的皮带上堆积，皮带组启动时应该先启动最下方的皮带。在本例中，按下启动按钮 PB1 时应先启动皮带 D，再向上依次启动其他皮带（C→B→A），每两条皮带的启动间隔时间为 5s；按下停止按钮 PB2 时，应先停止最上面的一条皮带 A，待料运送完毕依次停止其他皮带（B→C→D）。在本例中，每两条皮带的停止间隔时间也为 5s。

当某条皮带故障时该皮带及其上面的皮带应立即停止，以防止物料堆积。而该皮带下面的皮带运送完上面的物料（5s）后再自动停止。

电路示意图及 I/O 分配见图 5-58。

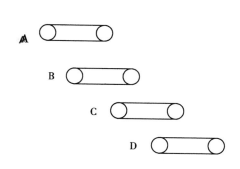

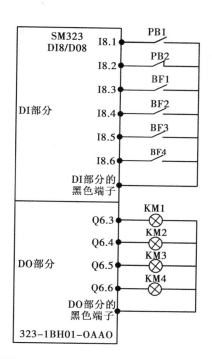

图 5-58　皮带组控制系统及本题的电路示意图

⑤高压电动机，由于其功率一般较大，所以启动电流大，转化的热量使定子和转子的温度上升较多。如果频繁启动会使其温度上升很快，而过高的温度将对电机产生危害，严重时可能会烧毁电机。

国标《GB/T 13957—2008》中的 4.21 有如下的描述："Y 系列电动机当电网保证其在启动过程中的端电压不低于额定值的 85% 时，且负载所产生的阻转矩与转速的平方成正比，并在额定转速时小于 60% 额定转矩，同时折算至电机轴端的负载的转动惯量不大于下式求得的数值时，允许在实际冷状态下连续启动二次（二次启动之间电动机应自然停机），或在额定运行后热状态下启动一次。"

上述国标是指 Y 系列电动机在某些条件下，可以冷态启动两次或热态启动一次。这说明对于高压电动机，停机再启动要间隔一定的时间，其目的就是需要降低温度。其实，对于不同的电动机，由于性能不同，冷态及热态下允许的启动次数会有所不同。比如西门子的某些电动机，冷态每小时可以启动三次，热态每小时可以启动二次。因此，具体的冷态或热态启动次数，以及具体间隔时间要根据电动机的性能及现场的情况进行判断。

现假设在某化工厂中，有一台空气压缩机用以吸收烃蒸气。此空气压缩机冷态可以连续启动二次，热态再启动需要延时。若在冷态下 10s 内已经连续启停二次，那么需要在第二次停机后再延时 10s 才可以启动第三次。冷态下启动并运行 10s 后，便认为此空气压缩机达到热态，此时若停机，需要再延时 20s 才可以再启动。其电路示意图及 I/O 分配见图 5-59。

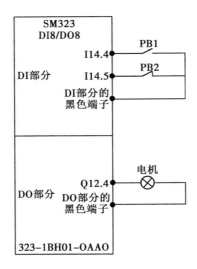

图 5-59　电路示意图

注：国标《GB/T 13957—2008》提及的转动惯量的公式已省略，感兴趣的读者可以自行查阅。

第 6 章　PLC 的数据处理

6.1　PLC 的系统存储区和基本数据类型

6.1.1　PLC 的系统存储区

PLC 的系统存储区用于存放用户程序的操作数据，包含过程映像输入/输出区（I/Q）、外设 I/O 区（PI/PQ）、位存储器（M 区）、定时器（T 区）、计数器（C 区）、数据块（DB 块）、局部数据区（L 区）。对于西门子 S7-300/400 PLC，其系统存储区的大小由 CPU 的型号决定。

（1）过程映像输入/输出区（I/Q）

在执行用户程序时，CPU 并不直接访问 I/O 模块中的输入地址区和输出地址区，而是访问 CPU 内部的过程映像区，即 I/Q 区。

在每次扫描循环开始时，CPU 读取输入模块的外部输入电路的状态（输入端可以外接常开触点或常闭触点，也可以接多个触点组成的串并联电路），并将它们存入过程映像输入区。然后，CPU 执行用户程序并产生输出，再将其存入过程映像输出区。在下一扫描循环开始时，将过程映像输出区的值写入输出模块，请参看 5.1.2 节。

对存储区的“读写”“访问”“存取”这 3 个词的意思基本上相同。

I 区和 Q 区均可以按位、字节、字和双字来访问，例如 I0.0、IB0、IW0 和 ID0，见表 6-1。

与直接访问输入模块［读取 PI 的方式，见本页“（2）外设 I/O 区（PI/PQ）”］相比，访问过程映像输入区可以保证在整个扫描循环周期内，过程映像输入区的值始终不变。即使在本次循环的程序执行过程中，接在输入模块的外部电路的状态发生了变化，过程映像输入区的值仍然保持不变，直到下一个循环被刷新。

（2）外设 I/O 区（PI/PQ）

外设输入（PI）和外设输出（PQ）区是指直接访问本地的和分布式的输入模块和输出模块而不经过输入输出过程映像区。PI/PQ 区与 I/Q 区的关系如下。

①访问 PI/PQ 区时，直接读写输入/输出模块，而 I/Q 区是输入/输出信号在 CPU 的存储区中的“映像”。使用外设地址可以实现用户程序与 I/O 模块之间的快速数据传送，因此被称为“立即读”和“立即写”。

②I/Q 区可以按位、字节、字和双字访问，PI/PQ 区不能按位访问，即不能访问 PI0.0 等地址，可以访问 PIB0、PQW2 等地址。

③I/Q 区的地址范围比 PI/PQ 区的小，如果地址超出了 I/Q 区允许的范围，必须使

用 PI/PQ 区来访问。

④I/Q 区、PI/PQ 区的地址均从 0 号字节开始，因此 I/Q 区的地址编号可以用于 PI/PQ 区。

⑤只能读取外设输入的值，不能改写它。只能改写外设输出，不能读取它。

⑥访问 I/Q 区的指令比访问 PI/PQ 区的指令的执行时间短得多。例如 CPU 317-2DP 的指令 "L IB0" 和 "L PIB0" 的执行时间分别为 $0.05\mu s$ 和 $15\mu s$。

表 6-1　　　　　　　　　　　　S7-300/400 PLC 的 I/Q 区和 PI/PQ 区

CPU 型号	I/O 过程映像 (I/Q 区) /字节	I/O 地址范围 (PI/PQ 区) /字节
CPU312、314、312C、313C、313C-2PtP、313C-2DP、314C-2PtP、314C-2DP	128/128	1024/1024
CPU315-2DP、315-2PN/DP	128/128	2048/2048
CPU317-2DP	256/256	8192/8192
CPU317-2PN/DP	2048/2048	8192/8192
CPU319-3PN/DP	2048/2048	8192/8192
CPU315F-2DP、315F-2PN/DP	384/384	2048/2048
CPU317F-2DP	1024/1024	8192/8192
CPU317F-2PN/DP、319F-3PN/DP	2048/2048	8192/8192
CPU412-1、CPU412-2	4096/4096	4096/4096
CPU414-2、CPU412-3、CPU412-3PN/DP	8192/8192	8192/8192
CPU416-2 及更高型号	16384/16384	16384/16384

（3）位存储器（M）

位存储器用来保存控制逻辑的中间操作状态或其他控制信息。

（4）定时器（T）存储区

定时器相当于继电器系统的时间继电器。给 SIMATIC 定时器分配的字用于存储时间基准和剩余时间值（0~999）。剩余时间值可以用二进制或 BCD 码方式读取。

（5）计数器（C）存储区

计数器用来累计其计数脉冲的个数，给计数器分配的字用于存储计数当前值（0~999）。计数器可以用二进制或 BCD 码方式读取。

（6）数据块（DB）与背景数据块（DI）

DB 为数据块，DBX、DBB、DBW 和 DBD 分别是数据块中的数据位、数据字节、数据字和数据双字。DI 为背景数据块，DIX、DIB、DIW 和 DID 分别是背景数据块中的数据位、数据字节、数据字和数据双字。

（7）局部数据区（L）

各逻辑块都有它的局部（local）数据区，局部变量在逻辑块的变量声明表中生成，只能在它被创建的块中使用。每个组织块用 20B 的临时局部数据来存储它的启动信息。局部数据用于传送块参数和保存来自梯形图程序的中间逻辑运算结果。

CPU 按组织块的优先级划分局部数据区，S7-300 同一优先级的组织块及其有关的块共用 256B 的临时局部数据区。S7-400 每个优先级的局部数据区要大得多，可达数万千字节，可以用 Step7 改变其大小。

全局变量包括 I、Q、M、T、C、PI、PQ、共享数据块 DB，可以在所有的逻辑块（OB、FC、FB、SFC 和 SFB）中使用全局变量。

6.1.2　PLC 的常用基本数据类型

Step7（下称 S7）有 3 种数据类型：

①基本数据类型（见表 6-2）。

②由基本数据类型组合而成的复杂数据类型（将在 6.4.1 节中介绍）。

③用于传送 FB（功能块）和 FC（功能）参数的参数类型（将在 6.4.2 节中介绍）。

表 6-2　　　　　　　　　　　　　　　　S7 PLC 的常用基本数据类型

类型名称	英文名	长度	常数范围	变量举例
位/点/开关量/ 数字量/布尔量	BOOL	1	1 或 0（TRUE/FALSE）	I0. 0 Q0. 0 M0. 0 DB1. DBX0. 0 L0. 0
字节	BYTE	8	B#16#0 ~ B#16#FF	IB0 QB4 MB0 DB1. DBB6 LB0
字	WORD	16	W#16#0 ~ W#16#FFFF	IW0 QW0 MW0
整数	INT	16	−32768 ~ 32767	DB1. DBW0 LW0
双字	DWORD	32	DW#16#0000_0000 ~ DW#16# FFFF_FFFF	ID0 QD0
长整数	DINT	32	L#−2147483648 ~ L#2147483647	MD0
实数	REAL	32	−3.402823e+38 ~ −1.175495e−38, 0, 1.175495e−38 ~ 3.402823e+38	DB1. DBD0 LD0

以上列出的布尔量、字节、字（整数）、双字（长整数或实数）的地址之间是有组成关系的，关系如图 6-1 所示。

可见，S7 PLC 的字节号、字号或双字号是从左至右由小变大的，即低地址在左侧。而在每个字节中的布尔量地址却是从左至右由大变小的，即低地址在右侧。

另外，图中只是表达了位存储器 M 地址区的一小段，如果图中表达的是 M 区的另

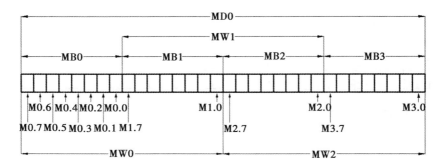

图 6-1　M 区不同长度的地址组成关系举例图

外一段，例如四个字节分别是 MB40、MB41、MB42、MB43，则其组成关系仍然成立。如果是其他的地址区，比如输入过程映像区 I、输出过程映像区 Q、数据块 DB、局部数据区 L 甚至 S7-200 的 V 区，其组成关系也类似，如图 6-2 所示。

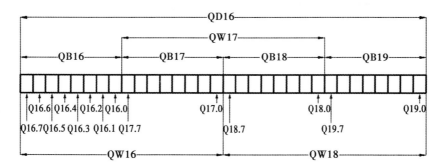

图 6-2　Q 区不同长度的地址组成关系举例图

从图 6-1 和图 6-2 我们可以这样理解，西门子 S7 PLC 中数据的基本单位是字节，当需要用到布尔量地址时，由于字节中包含了 8 个布尔量，所以 MB0 里的 8 个布尔量是 M0.0~M0.7，QB16 里的 8 个布尔量是 Q16.0~Q16.7。

当需要用到字或整数地址时，就需要用两个相邻的字节组合在一起，比如 MB0 和 MB1 组合成 MW0，MB2 和 MB3 组合成 MW2，由于字或整数在存储空间上是 2 个字节的组合，所以当使用了 MW0 这个地址时，就相当于同时使用了 MB0 和 MB1 这两个地址。那么下一个字或整数的地址就不要使用 MW1 了（除非是对其进行"读"操作），因为 MW1 是 MB1 和 MB2 的组合（见图 6-1），其中 MB1 已经被前面的 MW0 用到了，如果同时编写了对 MW0 和 MW1 的"写"操作的程序，那么相当于两个"写"操作同时作用在 MB1 上，这样的运算结果一定有误！I 区、Q 区、DB 块及局部数据区的数据也是一样，如见图 6-2 中 QW16 与 QW17。

当我们需要使用双字、长整数或实数地址时，就需要将相邻的四个字节组合在一起，那么如果使用了 MD0，就相当于同时使用了 MB0、MB1、MB2 和 MB3，那么下一个可以使用的双字、长整数或实数地址便为 MD4 了。同样，如果使用了 QD16，下一个可以使用的地址便为 QD20。

请仿照图 6-1 和图 6-2 填写下面的空白：

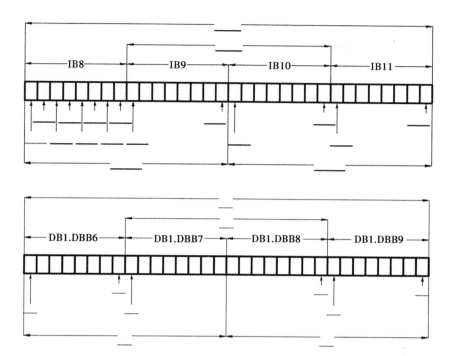

另外，在基本数据类型中我们看到，同是 16 位的数据分为"字"和"整数"，它们的区别是："字"在使用时，每一个位都有其物理意义，而其形成的整体数值没有物理意义；而"整数"在使用时，其每一个位没有物理意义，而其形成的整体数值却有物理意义。同样，32 位的"双字"与"长整数"的区别也是如此。

【知识扩展 5】 IEC 时间与 S5 时间数据类型

（1）IEC 时间格式

IEC 时间格式就是 TIME 格式的时间，它是一个有符号的 32 位数据。其数值范围为：

1111，1111，1111，1111，1111，1111，1111，1111 到
0111，1111，1111，1111，1111，1111，1111，1111
（其中最高位，即第 31 位为符号位）

这个数值范围用 TIME 的格式写出来就是"－24D20H31M23S648MS 到 24D20H31M23S647MS"即 24 天 20 小时 31 分钟 23 秒 647 毫秒，其实这个可以用变量表进行验证，如图 6-3 所示。

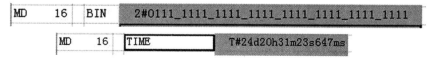

图 6-3　32 位数据 MD16 的二进制及 TIME 格式的编码

所以，TIME 格式的时间可以理解为 32 位的长整数，其单位为毫秒（ms），只不过可以显示成 TIME 的格式而已。

（2）S5 时间（S5 TIME）格式

S5 TIME 是用 BCD 码保存的，在数据存储区一共占用 2 个字节。下面的例子中，时间值为 127，时基为 1s，见图 6-4。

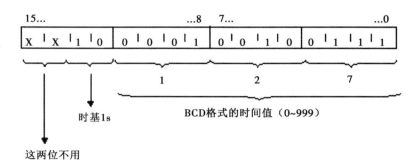

图 6-4　127s 的 S5 TIME 格式编码

其中：S5 TIME 预设时间值＝BCD 格式的时间值×时基值

所以，当设置的时基值不同时，S5 TIME 的预设时间值也不相同，不同时基对应的时间范围如表 6-3。

表 6-3　　　　　　　　S5 TIME 的时基编码与所能表达的时间范围之间的关系

时基值	时基编码	时间范围
10ms	00	10ms ~ 9s990ms
100ms	01	100ms ~ 1min39s990ms
1s	10	1s ~ 16min39s
10s	11	10s ~ 2h46min30s

6.2　整数、长整数和实数的数据处理

6.2.1　整数、长整数和实数运算的相关指令

如图 6-5 所示，整数的运算指令有加、减、乘、除，这些指令的结尾处有一个字母"I"，代表"INT"。长整数的运算指令有加、减、乘、除和求余，这些指令的结尾处有一个字母"DI"，代表"DINT"。实数的运算指令有加、减、乘、除、求绝对值、平方、求平方根、自然对数、指数及三角函数运算。

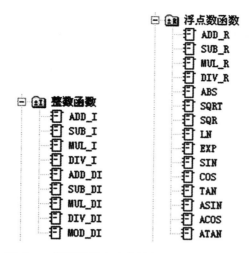

图 6-5 梯形图指令库中的整数与实数运算指令

6.2.2 案例 17——整数、实数运算

如果需要对 MW0 的数据乘 3，再加上 4，其程序如图 6-6 所示。

程序段1: 标题:

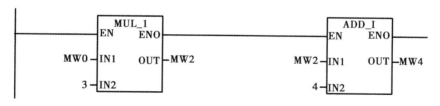

图 6-6 MW0×3+4 的程序

在图 6-6 的程序中，MW0 为数据的产生端，由于 MW0 是变量而不是常数，所以在实际控制设备上，它的数值可能来自：

①其他程序的赋值语句，比如使用 MOVE 指令将数值 5 赋值给 MW0；

②从现场的操作电脑或触摸屏通讯而来，这样在现场的操作电脑或触摸屏上就可以间接地修改这个 MW0 的数值；

③从现场的其他 PLC 通讯而来，如果对其赋值的程序在其他通过网络相连的 PLC 中，则其他 PLC 的相应数值改变时，此 PLC 的 MW0 的值就会跟着改变。

MW2 为乘法的结果，它是连接乘法和加法两个指令的"纽带"，此处为什么不能用 MW1？请参考图 6-1 和图 6-2。

MW4 为最终的运算结果，它的数值可以用于：

①到其他程序中进行进一步的运算；

②通过通讯发送给操作电脑或触摸屏，然后在其上面显示出相应数值；

③通过通讯发送给其他 PLC，然后进行进一步的运算。

在本例中，由于只有这一行程序，而且并无通讯存在，所以可以通过调试变量的手段，手动给 MW0 赋一个数值。

具体方法如下：

在程序已经下载，并且 CPU 已经为"RUN"状态下，在编程软件中点击"详细信息开/关"，如图 6-7 所示。

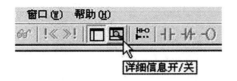

图 6-7　"详细信息"的打开

"详细信息"打开后，选择"5：修改"，然后在"地址"里输入 MW0。在"显示格式"处点击鼠标右键选择一种合适的格式，比如：十进制。在"状态值"处点击鼠标右键选择"监视"，此时便可以对 MW0 的数值进行监视。如果需要改变 MW0 的数值，则需要在"修改数值"中写入数值，然后在"修改数值"一列上点击鼠标右键，再选择"修改"，才会将值写入，如图 6-8 所示。

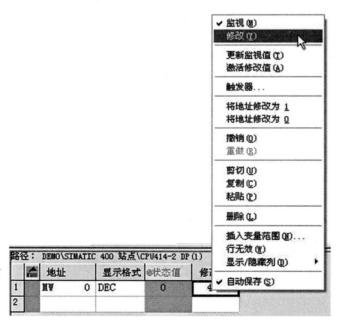

图 6-8　变量的监视与修改

注意：手动"修改"变量时，要确定所修改的数值是否同时有其他程序对其写入，如果有则无法进行手动修改。而本例中 MW0 并无其他程序对其写入，所以可以手动修改。

下面再看一个实数运算的例子，MD6 的数据乘 7 再减去 26.56，程序如图 6-9 所示。

程序段1: 标题:

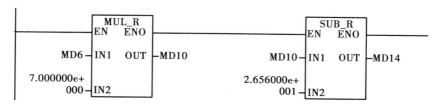

图 6-9　MD6×7.0-26.56 的程序

类似于上一个例子, MD6 为数据的产生端, MD10 为乘法的结果, MD14 为整个运算的结果。

另外, 由于数据类型是实型, 所以在输入常数 "7" 时, 要输入 "7.0"。输入后会以科学计数法显示。

6.2.3　案例 18——数据类型的转换

根据表 6-2, 整数 (INT) 是 16 位的数据, 长整数 (DINT) 和实数 (REAL) 是 32 位数据, 它们的存储格式都不相同, 这就意味着同样的数值在不同的数据类型中是不一样的二进制编码, 比如常数 "7", 如果它存储在整数格式的地址中, 其编码为: "0000, 0000, 0000, 0111", 如果它存储在长整数格式的地址中, 其编码为: "0000, 0000, 0000, 0000, 0000, 0000, 0000, 0111", 如果它存储在实数格式的地址中为: "0100, 0000, 1110, 0000, 0000, 0000, 0000, 0000"。参考知识扩展——实数存储格式。

那么, 有的运算中就需要进行数据类型的转换。

比如, 两个整数作除法, 若不能整除, 那么结果一定是个实数。不过, 在 Step7 中, 整数及长整数除法的结果 (OUT 引脚) 处都必须使用整数或长整数的数据类型, 如图 6-10 所示。

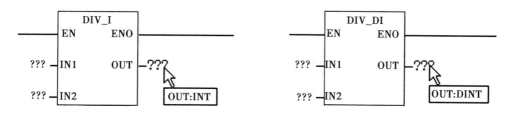

图 6-10　整数及长整数 OUT 引脚需要的数据类型

如果运算的实际结果是实数, 但是由于指令的原因, 使其结果不得不使用整数或长整数存储, 那么运算出的结果将舍掉小数部分, 如图 6-11 所示, 为常数 5 除以 3, 由于使用了整数运算指令, 其结果只能将小数部分舍掉, 所以等于 "1", 而不是 "1.666666……"。

程序段1：标题：

DIV_I
EN
ENO
5
5-IN1
OUT
-MW0
1
3
3-IN2

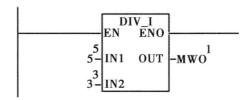

图 6-11　使用 Step7 的整数指令进行 5 除以 3 的运算

当然，如果使用的 PLC 的运算指令不区分整数型、长整数型或实型运算的话，就可以在其输出引脚上直接输入一个实型数据的地址即可，比如：罗克韦尔（AB）的 PLC。

程序段1：标题：

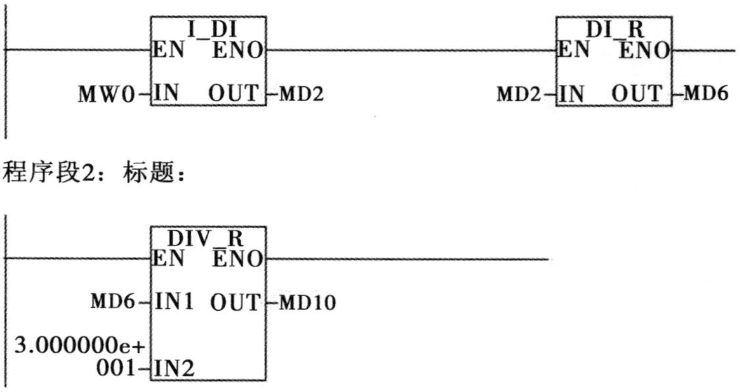

I_DI
EN
ENO
MW0-IN
OUT
-MD2
DI_R
EN
ENO
MD2-IN
OUT
-MD6
程序段2：标题：
DIV_R
EN
ENO
MD6-IN1
OUT
-MD10
3.000000e+
001-IN2

图 6-12　MW0÷30 结果为实数的程序

如果使用的是西门子、三菱等品牌的 PLC 的话，想要在除法运算后不舍掉小数部分，那么需要按照下面的方式来处理：将整数或长整数转换成实型数据，然后使用实型的运算指令进行运算。如欲将一个整数 MW0 除以 30 而不舍掉小数部分，程序如图 6-12 所示。

说明： 使用转换指令进行数据类型的转换方式称为显示转换，指令中隐含数据类型转换的称为隐式转换。博途软件中 S7-1200/1500 PLC 的加减乘除运算指令支持隐式转换，如图 6-13 所示。

DIV
Real
EN
ENO
5
%MW0
"Tag_1"
IN1
OUT
1.666667
%MD4
"Tag_3"
3
%MW2
"Tag_2"
IN2
将Int隐式转换为Real。

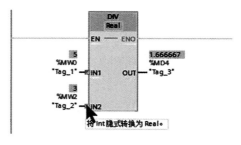

图 6-13　博途软件中 S7-1200/1500 PLC 除法指令中的隐式转换

数据类型转换的指令在指令库的“转换器”中，除了整数、长整数和实数之间的转换指令以外，还有整数、长整数和 BCD 码之间的转换，以及整数、长整数的反码和补码转换，如图 6-14 所示。

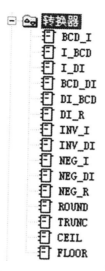

图 6-14 梯形图指令库中的数据类型转换指令

【知识扩展 6】实数存储格式

实数（REAL）又称浮点数，在 IEEE754 标准中实数的格式可以表示为：

实数 = （符号位）×$1.f×2^{e-127}$

$7 = 1.75×2^{129-127} = 1.75×4 = 7$，其中 $f = 2^{-1} + 2^{-2} = 0.75$，$e = 2^0 + 2^7 = 129$。所以，6.2.3 节提到的常数"7"的编码如图 6-15 所示。

符号位	e: 指数（8位）	f:尾数的小数部分（23位）

31	30	29	28	27	26	25	24	23	22	21	20	19	18	17	16	15	14	13	12	11	10	9	8	7	6	5	4	3	2	1	0
0	1	0	0	0	0	0	0	1	1	1	0	0	0	0	0	0	0	0	0	0	0	0	0	0	0	0	0	0	0	0	0

2^7 2^6 2^5 2^4 2^3 2^2 2^1 2^0 $2^{-1}2^{-2}2^{-3}2^{-4}2^{-5}2^{-6}2^{-7}2^{-8}2^{-9}$... $\qquad\qquad 2^{-23}$

图 6-15 常数"7"在实数存储格式下的编码

实数共占用一个双字（32 位）。最高位（第 31 位）为实数的符号位，最高位为 0 时为正数，为 1 时为负数；8 位指数占第 23~30 位；因为规定尾数的整数部分总是为 1，只保留了尾数的小数部分 f（第 0~22 位）。

实数的优点是用很小的存储空间（4 个字节，即 4b）可以表示非常大和非常小的数。PLC 输入和输出的数值大多是整数，例如模拟量输入值和模拟量输出值，用实数来处理这些数据需要进行整数和实数格式之间的相互转换，实数的运算速度比整数的运算速度慢一些。

6.3 字节、字和双字的数据处理

6.3.1 字节、字或双字的作用

字节、字和双字与整数、长整数及实数之间的区别是前者是每一个位都有其物理意义，而后者是其整体形成的数值有意义。所以也可以把字节、字和双字理解成 8、16 和 32 个开关量的组合。换句话说，我们如果需要若干个开关量同时处理的时候，可以根据其个数的多少，相应地使用字节、字或双字数据。

当然，这若干个开关量也可以不同时处理，比如用 5.3 节提到的各种程序进行处理，只不过若多个开关量同时处理的话，程序有时会更紧凑。

6.3.2 案例 19——使用字节、字或双字编程

在 Step7 的指令库中，除了 MOVE 指令以外，都没有直接对字节处理的指令。所以，如果需要处理字节时，需要熟悉如图 6-1 和图 6-2 的数据组成关系，然后处理字或双字的对应所需字节的部分。

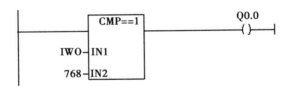

图 6-16 与图 5-27 等效的程序

例如，见与图 5-27（位逻辑与）的程序等效的图 6-16 的程序。若我们使用的 DI 模块是一个 DI8 的模块，那么我们其实是想使用 IB0 和 3 作是否相等的比较，但是由于比较器指令无法直接使用字节地址，所以使用了 IW0，其实是使用了 IW0 中对应的 IB0 部分。

请您分析，图 6-16 中 IN2 的数据为什么是 768？

下一个例子，5.3.6 节提到的循环式顺序控制程序也可以利用移位指令结合对双字的处理来实现，如图 6-17 所示。

再下一个例子，利用字逻辑指令，字逻辑指令包括了整数、长整数的与、或和异或运算。字逻辑指令是指将两个字或双字的每一个位依次做逻辑运算，每位的逻辑运算都形成单独的逻辑结果。

字逻辑的"与运算"的作用是将某些位"清零"，"或运算"的作用是将某些位"置1"，而"异或运算"的作用是将某些位"取反"。

例如有 16 个电磁阀，接线接到 PLC 的 DO16 的模块上，对应的地址为 Q16.0～Q16.7 与 Q17.0～Q17.7，或者写为 QW16。控制要求是当开关 I0.0 为低电平时，16 个电磁阀均为关闭状态；当开关 I0.0 为高电平时，Q16.2、Q16.3、Q17.4 和 Q17.5 所对应的电磁阀得电打开；15 秒钟后 Q16.2、Q16.3、Q17.4 和 Q17.5 失电关闭，同时

Q16.0、Q16.1、Q17.6 和 Q17.7 得电打开；当 I0.0 再次变为低电平时，16 个电磁阀均再次关闭。控制过程中 QW16 的变化见图 6-18。

程序段1：用I0.1对MD4进行初始化赋值

```
   I0.0        M0.1        ┌─MOVE──┐
───┤ ├─────────┤P├────────│EN  ENO│──────────────
                          │       │
              DW#16#8080   │       │
                    8080──│IN  OUT│──MD4
                          └───────┘
```

程序段2：用I0.0进行移位的控制

```
   I0.0        M0.0        ┌─ROL_DW─┐
───┤ ├─────────┤P├────────│EN  ENO│──────────────
                          │       │
                   MD4───│IN  OUT│──MD4
                          │       │
              W#16#1───│N      │
                          └───────┘
```

程序段3：将MD4的低8位传送到QB0中

```
           ┌─MOVE──┐
───────────│EN  ENO│──────────────────────────
           │       │
    MB7───│IN  OUT│──QB0
           └───────┘
```

图 6-17　利用循环移位指令实现顺序循环控制的程序

```
        0000,0000,0000,0000
               │ I0.0变为高电平时
               ↓
        0000,1100,0011,0000
               │ 15秒钟后
               ↓
        0000,0011,1100,0000
               │ I0.0变为低电平时
               ↓
        0000,0000,0000,0000
```

图 6-18　控制过程中 QW16 的变化

控制程序如图 6-19 所示。

程序段 1：标题：

```
   I0.0              ┌──WOR_W──┐                  T0
───┤ ├──────────────│EN   ENO│──────────────────(SD)──┤├──
                    │         │                 S5T#15S
      W#16#0─────│IN1  OUT│──MW0
     W#16#C30────│IN2      │
                    └─────────┘
     T0             ┌──MOVE───┐
    ─┤/├────────────│EN   ENO│
                    │         │
      MW0──────────│IN   OUT│──QW16
                    └─────────┘
    ─┤NOT├──────────┌─WAND_W──┐
                    │EN   ENO│
                    │         │
      QW16────────│IN1  OUT│──QW16
     W#16#F00F────│IN2      │
                    └─────────┘
```

程序段 2：标题：

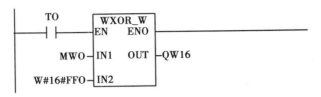

图 6-19   使用字逻辑指令实现多个开关量的逻辑控制

6.4   PLC 的其他数据类型

6.4.1   复合数据类型

由基本数据类型组合而成的数据类型和长度超过 32 位的数据类型称为复合数据类型。Step7 中定义了以下 4 种复合数据类型：数组（ARRAY）、结构（STRUCT）、字符串（STRING）和日期和时间（DATE_AND_TIME）。

将基本数据组合成复合数据类型可以使复合数据在块调用中作为一个参数被传递，使得信息在主调用块和被调用块中快速传递，这种方式符合结构化编程的思想，同时也保证了已编程序的高度可重复性和稳定性。

6.4.1.1   数组（ARRAY）

数组数据类型表示由固定数目的同一数据类型的元素组成一个域。数组的最大维数可达到 6 维，并且数组不允许嵌套。数组中的每一维的下标取值范围是 −32768~32767，要求下标的下限必须小于下标的上限。

（1）ARRAY 声明和初始化

一维数组声明的格式为：

域名：ARRAY［最小索引…最大索引］OF 数据类型

例如：Temp：ARRAY［1…5］OF REAL（定义了一个名为 Temp 的一维数组）。

多维数组声明的格式为：

域名：ARRAY［最小索引 1…最大索引 1，最小索引 2…最大索引 2，…］OF 数据类型。

例如：Level：ARRAY［1…10，1…8］OF REAL（定义了一个数组名为 Level，元素为实数类型的 10×8 的二维数组）。

数组元素可以在声明中进行初始化赋值，初始化值的数据类型必须与数组元素的数据类型相一致。初始化的值输入到"初始值"栏，并且以逗号隔开。可通过"视图"→"数据视图"进行查看或修改初始值。

（2）建立数组

图 6-20 为 Step7 中数组变量的举例，其中 SPEED 是含有 10 个 REAL 变量的一维数组，CONTROL 是 5×5 的二维数组。图 6-21 为数组中的各个数据。

地址	名称	类型	初始值
*0.0		STRUCT	
+0.0	SPEED	ARRAY[1..10]	3 (3.140000e+001) , 5 (2.250000e+002) , 2 (0.000000e+000)
*4.0		REAL	
+40.0	CONTROL	ARRAY[1..5,3..7]	10 (5)
*2.0		INT	
=90.0		END_STRUCT	

图 6-20　定义数组变量

图 6-21　数组数据

（3）ARRAY 变量的存储结构

程序运行中，要访问数组元素时，需要事先了解数组变量在存储器中的详细信息。

数组变量从字边界开始，也就是说，起始地址为偶数字节地址，数组变量占一个字的存储空间。数据类型为 BOOL 的数组元素从最高位开始存储，数据类型为 BYTE 和 CHAR 的数组元素从偶数字节开始存储。

在多维数组中，从第一维开始按线或维方向逐一存储。对于位和字节组成的数组变量，一个新的维始于一个字节。而对于其他数据类型组成的数组变量，一个新的维总是从下一个字（从下一个偶数字节）开始。数组变量的存储结构如图 6-22 所示。

6.4.1.2　结构（STRUCT）

结构数据类型表示由一组指定数目的不同数据类型的数据元素组合在一起而形成的复合数据类型。不同于数组的不能嵌套，每个结构最多允许 8 层嵌套。

（1）结构的声明和初始化

可以在名称和关键词"STRUCT"下指定每个结构组成部分和数据类型。图 6-23 声明了一个具有 STRUCT 数据类型元素的变量。该结构由 3 个元素组成，其中"TEST_time"和"LEVEL"分别为基本数据类型，"POINT"为复合数据类型 ARRAY［1…4］。

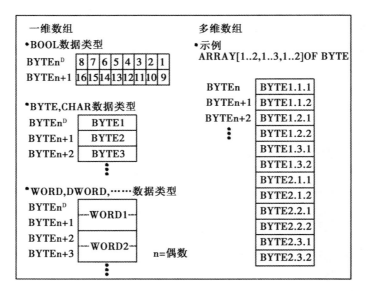

图 6-22　数组变量的存储结构

地址	名称	类型	初始值	注释
*0.0		STRUCT		
+0.0	POINT	ARRAY[1..4]		
*4.0		REAL		
+16.0	TEST_time	S5TIME	S5T#5S	
+18.0	1EVEL	REAL	0.000000e+000	
=22.0		END_STRUCT		

图 6-23　结构的声明和初始化

结构元素可在声明中定义初始值，在"初始值"一栏中输入初始值，初始化的数据类型必须与结构元素的数据类型相一致。

（2）结构变量的存储结构

结构变量从字边界开始，也就是说，起始地址为偶数字节地址。随后，每个结构元素以其声明时的顺序依次存储到存储器中，一个结构类型变量占一个字的存储空间。

数据类型为 BOOL 的结构元素从最低位开始存储；数据类型为 BYTE 和 CHAR 的结构元素从偶数字节开始存储，其他数据类型的数组元素从字地址开始存储。

6.4.1.3　字符串（STRING）

字符串数据类型变量用于存储字符串，STRING 最大长度为 256 个字节，前两个字节用于存储字符串长度，所以最多包含 254 个字符。

（1）字符串变量的声明和初始化

字符串变量可在声明中用起始文本进行初始化。其声明格式如下：

字符串名称：STRING［最大数目］："初始化文本"

声明时，方括号中的数字表示了该字符串变量可以存储的最大字符数，该项可省略，此时，系统默认该变量的长度为 254 个字符。

（2）STRING 变量的存储结构

字符串变量从字边界开始存储，也就是说，起始地址为偶数字节地址。在建立变量时，根据变量的声明，第一个字节存储变量的最大长度，第二个字节存储变量的实际长度，此后该字符以 ASCII 码的形式依次存储。未被占用的字节地址空间，在初始化时，则是均被赋值 B#16#00。

下面用一个例子来说明字符串的声明初始化和存储结构。

Motor name：STRING［8］：'WWMM'，图 6-24 为该字符串变量的存储示意图。

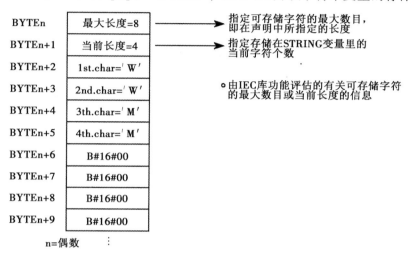

图 6-24　字符串变量的存储

6.4.1.4　日期和时间（DATE_AND_TIME）

日期和时间数据类型表示时钟信号，用于存储一个日期时间值，其缩写为 DT。数据长度为 8 个字节，分别以 BCD 码的格式表示相应的时间值。图 6-25 为日期和时间数据类型的存储结构。

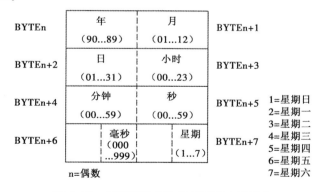

图 6-25　日期和时间数据类型的存储结构

可在声明部分为变量预设一个初始值，初始值的格式为：DT#年-月-日-小时：分钟：秒.毫秒，毫秒部分可省略。例如：DT#2014-10-8-07：33：12.200 表示 2014 年10 月 8 日 7 时 33 分 12.2 秒。

6.4.2 参数数据类型

参数数据类型是用于 FC 或 FB 的接口参数的数据类型。主要包括以下几种数据类型。

（1）TIMER（定时器类型）、COUNTER（计数器类型）

在 FC 或 FB 块中定义定时器和计数器，只有程序块调用时才执行。若 TIMER、COUNTER 定义为形参，则对应的实参必须为 T（定时器）和 C（计数器）类型。

（2）POINTER（6 字节指针类型）

6 字节指针类型指向地址，若将 POINTER 定义为形参时，则对应的实参必须为一个地址，可以是一个简单的地址也可以是指针格式指向地址的开始。

（3）ANY（10 字节指针类型）

若实参为未知的数据类型或者任意数据类型时，选择"ANY"类型。ANY 可以将各种类型的数据通过参数传递给 FC 或 FB，提高了程序的灵活性，方便实现更通用的控制功能。

（4）BLOCK_FB、BLOCK_FC、BLOCK_DB、BLOCK_SDB

将定义的程序块作为输入输出接口，程序块的类型由参数的声明决定，如 DB、FB、FC 等。如果块类型被定义为形参，则对应的实参为相应的程序块。

6.4.3 用户自定义数据类型

如果在程序中反复使用某一个数据结构或要为某一数据结构分配一个名称时，则可在 Step7 中使用用户自定义数据类型（UDT）。UDT 是一个全局性的结构，一旦声明就可以在所有块中使用。

UDT 可用于建立结构化数据块，建立包含几个相同单元的数组或者在带有给定结构的 FC 和 FB 中建立全局变量等。通过使用与应用相关的用户定义的数据类型可以更高效地编程，解决工程问题。

UDT 的创建过程如下。

（1）建立 UDT

在 SIMATIC 管理器项目树中选择块对象，通过插入新对象→S7 块→数据类型（DATA TYPE）创建一个新的 UDT，根据对话框设置数据类型的属性。双击打开 UDT，输入变量及数据类型，单击保存。如图 6-26 所示建立了一个 STRUCT 数据类型变量 MOTOR，该 MOTOR 变量具备 4 个元素。

地址	名称		类型	初始值	注释
0.0			STRUCT		
+0.0	MOTOR		STRUCT		
+0.0		command_setpoint	WORD	W#16#0	
+2.0		speed_setpoint	REAL	0.000000e+000	
+6.0		command_actpoint	WORD	W#16#0	
+8.0		speed_actual	REAL	0.000000e+000	
=12.0			END_STRUCT		
=12.0			END_STRUCT		

图 6-26 定义 UDT1

（2）建立数据块

定义一个数据类型并保存为一个 UDT 块，就可以用相同的数据结构建立几个数据块。下面以 UDT1 为模板，建立数据块 DB1。

在 SIMATIC 管理器中插入数据块 DB1，选择类型为共享数据块，在 DB1 中定义 UDT1 变量 Motor_1、Motor_2，如图 6-27 所示。打开标题栏的查看→数据视图，如图 6-28 所示。编程时，可以直接使用地址 DB1. Motor_1. MOTOR. command_setpoint。

地址	名称	类型	初始值	注释
0.0		STRUCT		
+0.0	Motor_1	UDT1		
+12.0	Motor_2	UDT1		
=24.0		END_STRUCT		

图 6-27　变量声明

地址	名称	类型	初始值	实际值	注释
0.0	Motor_1.MOTOR.command_setpoint	WORD	W#16#0	W#16#0	
2.0	Motor_1.MOTOR.speed_setpoint	REAL	0.000000e+000	0.000000e+000	
6.0	Motor_1.MOTOR.command_actpoint	WORD	W#16#0	W#16#0	
8.0	Motor_1.MOTOR.speed_actual	REAL	0.000000e+000	0.000000e+000	
12.0	Motor_2.MOTOR.command_setpoint	WORD	W#16#0	W#16#0	
14.0	Motor_2.MOTOR.speed_setpoint	REAL	0.000000e+000	0.000000e+000	
18.0	Motor_2.MOTOR.command_actpoint	WORD	W#16#0	W#16#0	
20.0	Motor_2.MOTOR.speed_actual	REAL	0.000000e+000	0.000000e+000	

图 6-28　变量数据

6.5　练习

①某毕托巴流量计的流量计算公式：$Q = Ai \times (\Delta P \times \rho)^{\frac{1}{2}}$

式中：Q——瞬时流量；

　　　ρ——流体密度，$\rho = 997.061 \text{kg/m}^3$；

　　　ΔP——输入信号对应的差压值，kPa；

　　　Ai——分段修正系数。

请根据流量计算公式，编程实现输入差压值与瞬时流量的计算。

表 6-4　　　　　　　　　　　　毕托巴流量计修正系数表

序号	表压 /MPa	温度 /℃	管内径 /mm	输入差压 ΔP	流　量 /（$t \cdot h^{-1}$）	修正系数 Ai
1	0.3	25	75	0kPa（4mA）	0	0.453667154
2	0.3	25	75	0.9kPa（5.6mA）	13.590	0.453667154
3	0.3	25	75	2.25kPa（8mA）	21.965	0.463744833
4	0.3	25	75	4.5kPa（12mA）	31.274	0.466891869
5	0.3	25	75	6.75kPa（16mA）	38.679	0.471479144
6	0.3	25	75	9kPa（20mA）	44.653	0.471377146

②创建 DB 块，在其中建立 6 个浮点数。编程实现当 6 个浮点数的数值手动任意输入时，程序都能从 6 个浮点数中，取出最大值。

③不使用转换器中的指令，编程实现将长整数数据转换成浮点数数据。

第 7 章　PLC 的程序结构

7.1　PLC 程序的基本组成

PLC 的程序分为操作系统和用户程序，操作系统用来实现与特定的控制任务无关的功能，处理 PLC 的启动、刷新过程映像输入/输出表、调用用户程序、处理中断和错误、管理存储区和处理通讯等。用户程序包含处理用户特定的自动化任务所需要的所有功能。

（1）用户程序的组成

Step7 将用户编写的程序和程序所需的数据放置在块中，使单个的程序部件标准化。通过块与块之间类似于子程序的调用，使用户程序结构化，可以简化程序组织，使程序易于修改、查错和调试。块结构显著地增加了 PLC 程序的组织透明性、可理解性和易维护性。各种块的简要说明见表 7-1，组织块（OB）、功能块（FB）、功能（FC）、系统功能块（SFB）和系统功能（SFC）都包含程序，统称为逻辑块。程序运行时所需的大量数据和变量可以存储在数据块（DB 或 DI）中。

表 7-1　　　　　　　　　　　　　　　　用户程序中的块

块	简要描述
组织块（OB）	操作系统与用户程序的接口，决定用户程序的结构
功能块（FB）	用户编写的包含经常使用的功能的子程序，有专用的存储区（即背景数据块）
功能（FC）	用户编写的包含经常使用的功能的子程序，无专用的存储区
系统功能块（SFB）	集成在 CPU 模块中，通过 SFB 调用系统功能，有专用的存储区（即背景数据块）
系统功能（SFC）	集成在 CPU 模块中，通过 SFC 调用系统功能，无专用的存储区
共享数据块（DB）	存储用户数据的数据区域，供所有的逻辑块共享
背景数据块（DI）	用于保存 FB 和 SFB 的输入、输出参数和静态变量，其数据在编译时自动生成

可以将控制任务分层划分为工厂级、车间级、生产线、设备等等级任务，分别建立与各级任务对应的逻辑块。每一层的控制程序（逻辑块）作为上一级控制程序的子程序，前者又可以调用下一级的子程序。这种调用成为嵌套调用，即被调用的块又可以调用别的块。

可以多次重复调用同一个块，来处理同一任务。FB 和 FC 的内部应全部使用局部变量，不使用 I、Q、M、T、C 和共享数据块中的全局地址。这样的块具有很好的可移植性，不作任何修改，就可以用于其他项目。

FB 和 FC 通过其输入输出参数来实现与"外部"的数据交换，即与过程控制的传感器和执行器、用户程序中的其他块交换数据。在块调用中，调用者可以是各种逻辑块，被调用的块是 OB 之外的逻辑块。调用功能块和系统功能块时需要为它们指定一个背景数据块，后者随这些块的调用而打开，在调用结束时自动关闭。

在图 7-1 中，OB1 调用 FB1，FB1 调用 FC1，应按下面的顺序创建块：FC1→FB1 及其背景数据块→OB1，即编程时被调用的块应该是已经存在的块。

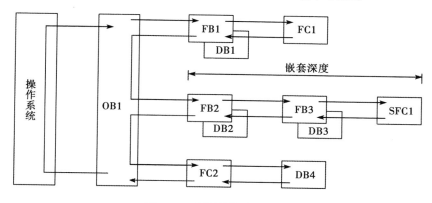

图 7-1　块调用的分层结构

如果出现中断事件，CPU 将停止当前正在执行的程序，去执行中断事件对应的组织块 OB（即中断程序）。中断程序执行后，返回到程序中断处继续执行。

（2）组织块（OB）

组织块是操作系统与用户程序的接口，由操作系统调用，用于控制扫描循环和中断程序的执行、PLC 的启动和错误处理等，CPU 的档次越高，能使用的同类型组织块越多。

①OB1。OB1 是用户程序中的主程序，CPU 的操作系统完成启动过程后，将循环执行 OB1，可以在 OB1 中调用其他逻辑块。

②事件中断处理。如果出现中断事件，例如时间中断、硬件中断和错误处理中断等，当前正在执行的块在当前指令执行完后被停止执行（被中断），操作系统将会调用一个分配给该事件的组织块。该组织块执行后，被中断的块将从断点处继续执行。

这意味着部分用户程序不必在每次循环中处理，而是在需要时才被及时地处理。处理中断事件的程序放在该事件驱动的 OB 中。

③中断的优先级。OB 按触发事件分成几个级别，这些级别有不同的优先级，高优先级的 OB 可以中断低优先级的 OB。

（3）临时局部数据

生成功能和功能块时可以声明临时局部数据。这些数据是临时的，退出逻辑块时不保留临时局部数据。它们又是局部（local）数据，只能在生成它们的逻辑块内调用。CPU 按优先级划分局部数据区，同一优先级的块共用一片局部数据区。可以用 Step7 改变 S7-400 每个优先级的局部数据区的大小。

除了临时局部数据外，所有的逻辑块都可以使用共享数据块中的共享数据。

（4）功能

功能（FC）是用户编写的没有固定存储区的块，其临时变量存储在局部数据堆栈中，功能执行结束后，这些数据就丢失了。可以用共享数据区来存储那些在功能执行结束后需要保存的数据，不能为功能的局部数据分配初始值。

（5）功能块

功能块（FB）是用户编写的有自己的存储区（背景数据块）的块，功能块的输入、输出参数和静态变量（STAT）存放在指定的背景数据块（DI）中，临时变量存储在局部数据堆栈中。功能块执行后，背景数据块中的数据不会丢失，但是不会保存局部数据堆栈中的数据。

（6）数据块

数据块（DB）是用于存放执行用户程序时所需数据的数据区。与逻辑块不同，数据块没有 Step7 的指令，Step7 按数据块中变量生成的顺序自动地为它们分配地址。数据块分为共享数据块（share block）和背景数据块（instance data block）。CPU 可以同时打开一个共享数据块和一个背景数据块。访问被打开的数据块中的数据时不用指定数据块的编号。

（7）系统功能块与系统功能

系统功能块（SFB）与系统功能（SFC）是集成在 S7 CPU 的操作系统中，预先编好程序的逻辑块，它们不占用户程序空间。用户程序可以调用这些块，但是用户不能打开它们，也不能修改它们内部的程序。SFB 和 SFC 分别具有 FB 和 FC 的属性。

（8）程序库

程序编辑器左边窗口的"库"文件夹中的程序库用来存放可以多次使用的程序部件，其中的子文件夹"Standard Library"（标准库）是 Step7 标准软件包提供的标准程序库，它由以下子文件夹组成。

①System Function Blocks：保存在 CPU 的操作系统中的系统功能块 SFB 和系统功能 SFC。

②S5-S7 Converting Blocks：用于将 S5 程序的块转换成 S7 程序所需的标准功能块。

③IEC Function Blocks：符合 IEC 标准的块，处理时间和日期信息、比较操作、字符串处理与选择最大值/最小值。

④Organization Blocks：组织块。

⑤PID Control Blocks：用于 PID 控制的功能块。

⑥Communication Blocks：用于 SIMATIC NET 通讯的块。

⑦TI-S7 Converting Blocks：一般用途的标准功能。

⑧Miscellaneous Blocks（其他块）：例如用于时间标记和实时钟同步的块。

"库"文件夹中还有其他程序库，例如"SIMATIC_NET_CP"文件夹中的块用于通讯处理器（CP）的编程，文件夹"Redundant IO（V1）"中的块用于冗余控制系统。文件夹"stdlibs"与"Standard Library"的某些子文件夹的内容重复。用户安装可选软件包后，将增加其他程序库。例如安装了顺序功能图语言 S7–Graph 后，将会增加 GRAPH 库。

（9）生成用户库

在 SIMATIC 管理器中用菜单命令"文件"→"新建"打开"新建项目"对话框（见图 7-2），在"库"选项卡生成名为"用户库"的新库。点击"浏览"按钮，可以修改存放库的文件夹。

点击"确认"按钮后，在 SIMATIC 管理器中自动打开新生成的库（见图 7-3），左边的窗口仅有新库的名称。用鼠标右键点击它，执行出现的快捷菜单中的命令"插入新对象"→"S7 程序"。可以复制同时打开的项目中的块，并将它粘贴到新生成的库中。以后打开任何一个项目时，在程序编辑器的"库"文件夹，都可以看到生成的新库和其中的块，并且可以使用这些块。

图 7-2　创建用户库

图 7-3　用户库

7.2　从 CPU 角度看程序结构

从 PLC 的 CPU 角度看，用户程序是 CPU 需要完成的任务，在 Step7 中，任务是由不同的 OB 所承载，其分类可见表 7-2。

表 7-2 　　　　　　　　　　　　Step7 中任务的分类

任务类型	OB 编号	OB 名称	适用场合	默认优先级
连续型任务	OB1	循环执行组织块	逻辑控制	1
周期型任务	OB10~OB17	日时间中断	定时控制	2
	OB30~OB38	循环中断	模拟量处理闭环控制	7~15
事件型任务	OB20~OB23	延迟中断	获得精确的延时	3~6
	OB40~OB47	硬件中断	快速响应	16~23
	OB55~OB57	DPV1 中断	DPV1 事件的中断	2
	OB70、OB72	冗余错误中断①	冗余错误事件的中断	25/28
	OB80~OB87	异步错误中断	硬件错误事件的中断	25②
	OB121、OB122	同步错误中断	软件错误事件的中断	同导致此错误的 OB 优先级
初始化任务	OB100~OB102	启动组织块	对用户程序初始化	27③

①冗余错误中断只存在于 H 系统中。

②如果异步错误存在于启动程序中则为 28。

③在 Step7 中，优先级数字越大，优先级越低。

7.2.1　组织块的变量声明表

　　OB 没有背景数据块，也不能为 OB 声明静态变量，所以 OB 的变量声明表中只有临时变量。OB 的临时变量可以是基本数据类型、复合数据类型或数据类型 ANY。声明表中变量的具体内容与 OB 的类型有关。用户可以通过 OB 的变量声明表获得与启动 OB 原因有关的信息。OB 的变量声明见表 7-3。

表 7-3 　　　　　　　　　　　　组织块变量声明表

地址（字节）	内容
0	事件级别与标识符，例如 OB40 为 B#16#11，表示硬件中断被激活
1	用代码表示与启动 OB 事件有关的信息
2	优先级，如 OB36 的中断优先级为 13
3	OB 号，如 OB121 的块号为 121
4~11	附加信息，例如 OB40 的第 5 字节为产生中断的模块的类型，16#54 为输入模块，16#55 为输出模块；第 6、7 字节为产生中断的模块的起始地址；第 8~11 字节组成的双字为产生中断的通道号
12~19	启动 OB 的日期和时间（年、月、日、时、分、秒、毫秒与星期）

7.2.2 循环执行组织块

循环执行组织块 OB1 即循环处理的用户程序。对于 CPU 来讲，它是需要连续执行的任务。循环程序处理是 PLC 中的"常规"程序处理。多数控制器只使用这种类型的程序处理。如果使用了由事件控制的程序处理，通常只是将其作为主程序的补充。

循环程序执行示意图如图 7-4 所示。

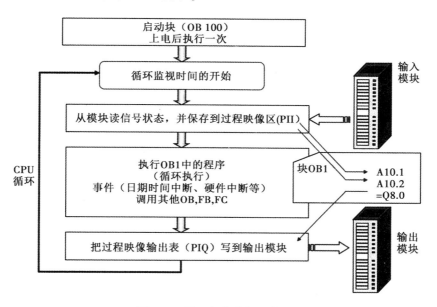

图 7-4 循环程序执行示意图

用户程序通常分为独立的程序段（即块）。如果要处理某个块，必须首先调用它。只有组织块是不能被用户程序调用的，它们是由 CPU 的操作系统启动的。

程序结构描述了以下内容：哪些事件将触发 CPU 来处理特定的块，以及这些块将按照怎样的顺序进行处理。例如，在为组织块 OB1 中的主程序编写块调用时，也就创建了一个粗略的程序结构。在这些"更高等级"的块中，还可以调用其他块，从而建立更为细致的程序结构，以此类推。

7.2.3 启动组织块

对于 CPU 来讲，启动组织块是初始化型的任务。CPU 有 3 种启动方式：暖启动、热启动（仅 S7-400）和冷启动，如图 7-5 所示。在用 Step7 设置 CPU 的属性时可以选择 S7-400 上电后启动的方式。

S7-300 CPU（不包括 CPU 318）只有暖启动，用 Step7 可以指定存储器位、定时器、计数器和数据块在电源掉电后的保持范围。

在启动期间，不能执行时间驱动的程序和中断驱动的程序。运行时间计数器开始工作，所有的数字量输出信号都为"0"状态。

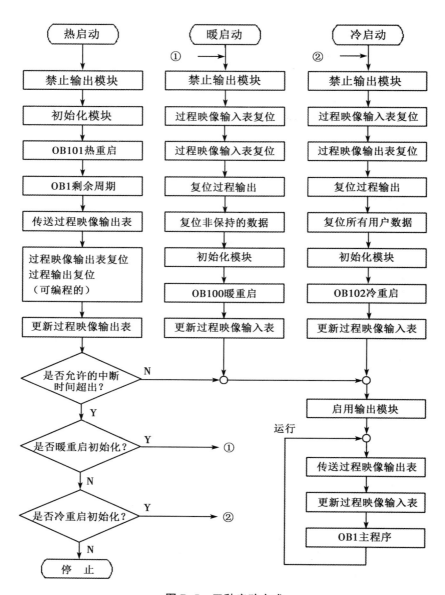

图 7-5 三种启动方式

（1）暖启动（OB100）

暖启动时，过程映像数据及非保持的存储器位、定时器和计数器被复位。具有保持功能的存储器位、定时器、计数器和所有数据块将保留原数值。程序将重新开始运行，执行启动 OB 或 OB1。

手动暖启动时，将模式选择开关扳到 STOP 位置，"STOP" LED 亮，然后扳到 RUN 或 RUN-P 位置。

OB100 的变量声明表如图 7-6 所示。

名称	数据类型	地址	注释
OB100_EV_CLASS	Byte	0.0	16#13, Event class 1, Entering event state, Event logged in diagnostic buffer
OB100_STRTUP	Byte	1.0	16#81/82/83/84 Method of startup
OB100_PRIORITY	Byte	2.0	Priority of OB Execution
OB100_OB_NUMBR	Byte	3.0	100 (Organization block 100, OB100)
OB100_RESERVED_1	Byte	4.0	Reserved for system
OB100_RESERVED_2	Byte	5.0	Reserved for system
OB100_STOP	Word	6.0	Event that caused CPU to stop (16#4xxx)
OB100_STRT_INFO	DWord	8.0	Information on how system started
OB100_DATE_TIME	Date_And_Time	12.0	Date and time OB100 started

图 7-6　OB100 的变量声明表

（2）热启动（OB101）

在 RUN 状态时，如果电源突然丢失，然后又重新上电，S7-400 CPU 将执行一个初始化程序，自动地完成热启动。热启动从上次 RUN 模式结束时程序被中断之处继续执行，不对计数器等复位。热启动只能在 STOP 状态时没有修改用户程序的条件下才能进行。

OB101 的变量声明表如图 7-7 所示。

名称	数据类型	地址	注释
OB101_EV_CLASS	Byte	0.0	16#13, Event class 1, Entering event state, Event logged in diagnostic buffer
OB101_STRTUP	Byte	1.0	16#81/82/83/84 Method of startup
OB101_PRIORITY	Byte	2.0	Priority of OB Execution
OB101_OB_NUMBR	Byte	3.0	101 (Organization block 101, OB101)
OB101_RESERVED_1	Byte	4.0	Reserved for system
OB101_RESERVED_2	Byte	5.0	Reserved for system
OB101_STOP	Word	6.0	Event that caused CPU to stop (16#4xxx)
OB101_STRT_INFO	DWord	8.0	Information on how system started
OB101_DATE_TIME	Date_And_Time	12.0	Date and time OB101 started

图 7-7　OB101 的变量声明表

（3）冷启动（OB102，只适用于 CPU417 或 CPU417 H）

冷启动时，过程数据区的所有过程映像数据、存储器位、定时器、计数器和数据块均被清除，即被复位为零，包括有保持功能的数据。用户程序将重新开始执行，执行启动 OB 和 OB1。

手动冷启动时将模式选择开关扳到 STOP 位置，"STOP" LED 亮，再扳到 MRES 位置，"STOP" LED 灭 1s，亮 1s，再灭 1s 后保持亮。最后将它扳到 RUN 或者 RUN-P 位置。

OB102 的变量声明表如图 7-8 所示。

名称	数据类型	地址	注释
OB102_EV_CLASS	Byte	0.0	16#13, Event class 1, Entering event state, Event logged in diagnostic buffer
OB102_STRTUP	Byte	1.0	16#85...8B Method of startup
OB102_PRIORITY	Byte	2.0	Priority of OB Execution
OB102_OB_NUMBR	Byte	3.0	102 (Organization block 102, OB102)
OB102_RESERVED_1	Byte	4.0	Reserved for system
OB102_RESERVED_2	Byte	5.0	Reserved for system
OB102_STOP	Word	6.0	Event that caused CPU to stop (16#4xxx)
OB102_STRT_INFO	DWord	8.0	Information on how system started
OB102_DATE_TIME	Date_And_Time	12.0	Date and time OB102 started

图 7-8　OB102 的变量声明表

下列事件发生时，CPU 执行启动功能：PLC 电源上电后；CPU 模式选择开关从 STOP 位置扳到 RUN 或者 RUN-P 位置；接收到通过通讯功能发送来的启动请求；多 CPU 方式同步之后和 H 系统连接好后（只适用于备用 CPU）。

启动用户程序之前，先执行启动 OB。在暖启动、热启动或冷启动时，操作系统分别调用 OB100、OB101、或 OB102，S7-300 和 S7-400H 不能热启动。

用户可以通过在启动组织块 OB100~OB102 中编写程序，来设置 CPU 的初始化操作，例如开始运行的初始值，I/O 模块起始值等。启动组织块如图 7-9 所示。

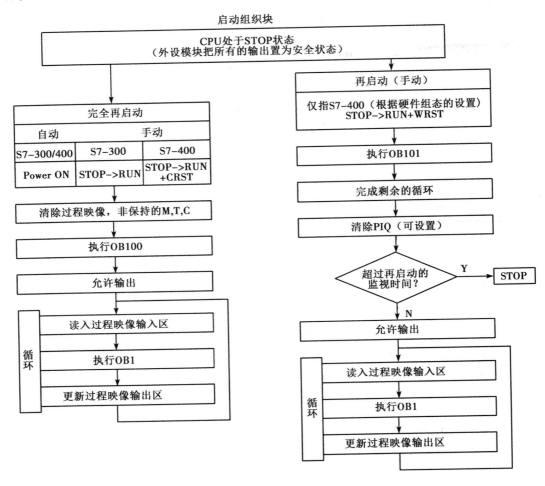

图 7-9 启动组织块

启动程序没有长度和时间的限制，因为循环时间监视还没有被激活，在启动程序中不能执行时间中断程序和硬件中断程序。

7.2.4 日时间中断组织块

日时间中断组织块可以在某一特定的日期和时间执行一次，也可以从设定的日期时间开始，周期性地重复执行，例如每分钟、每小时、每天、甚至每年执行一次。这样，用户可以将需要执行的操作放在日期时间中断组织块，当设置的时间到来时，操作系统将自动中断 OB1 的运行，并执行相应的日期时间中断组织块。

S7-300/400 系列的 CPU 可以使用的日期时间中断组织块共有 8 个，即 OB10~OB17，某个 CPU 具体能够使用哪个，要视 CPU 的型号而定。S7-300 系列 PLC 的 CPU

（不包括 CPU 318）只能使用 OB10。

要启动日期时间中断，应当首先设置开始时间，然后激活日期时间中断。这两个步骤可以分别在 HW Config 中设置并激活（CPU 的"对象属性"对话框中的"日时间中断"选项卡中列出了与此项相关组织块的优先级、是否激活、执行方式及启动日期和时间的设置，如图 7-10 所示），或者使用系统功能来执行。

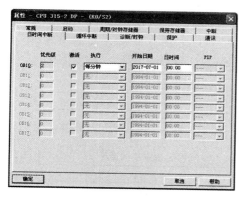

图 7-10　设置日期时间中断

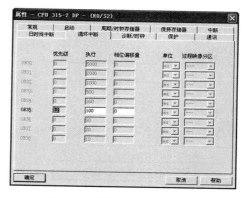

图 7-11　设置循环中断 OB35

7.2.5　循环中断组织块

循环中断是 CPU 由 STOP 切换到 RUN 模式后，按照一定的时间间隔周期性触发的中断。所以可以将周期性定时执行的 PID 控制程序编写在循环中断组织块（如 OB35）中。一旦 PLC 上电，将周期性地进行 PID 运算。

S7-300/400 系列的 CPU 可以使用的循环中断组织块共有 9 个，即 OB30~OB38，某个 CPU 具体能够使用哪个，也要视 CPU 的型号而定。

在组态 CPU 参数时定义循环中断。一个循环中断有 3 个参数：时间间隔、偏移相位和优先级。3 个参数均可调整，时间间隔和偏移相位值为 1ms~1min，最小可调整 1ms。根据所使用的 CPU 优先级可以设定到 2~24 之间或者设定为 0（循环中断无效）。如图 7-11 所示。

循环中断 OB 的时间间隔必须大于循环中断 OB 运行时间。循环中断 OB 间隔时间到而循环中断 OB 服务程序还没执行完，则系统程序调用 OB80 组织块，如项目中没有 OB80，系统进入 STOP 工作状态。

如果在"执行"参数中将多个循环中断的时间间隔设置为相同或互为整数倍，用户可以使用"相位偏移量"参数将它们的处理时间相互错开。这样，低优先级组织块就无须等待，从而增强处理周期的准确度。时间间隔和相位偏移的开始时间就是 CPU 切换到 RUN 的过渡瞬间，循环中断 OB 的调用时刻就是时间间隔加上相位偏移的时刻。图 7-12 的例子就是时间间隔 1 没有设置相位偏移，时间间隔 2 是时间间隔 1 的两倍。因为时间间隔 2 有相位偏移，两个循环中断 OB 不会同时调用，使得较低优先级的 OB 无需等待，从而可精确地维持其时间间隔。

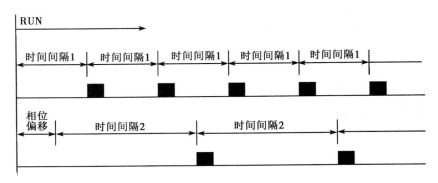

图 7-12　循环中断运行示意图

7.2.6　延时中断组织块

延时中断组织块主要用于获得精确的延时。这是因为，对于 S7 系列 PLC 来说，由于受到不断变化的扫描循环周期的影响，导致普通定时器的定时精度较低。要想获得高精度的延时时间，必须通过中断的方式来进行。

S7-300/400 系列 PLC 可以使用的延时中断组织块共有 4 个，即 OB20～OB23。其中，S7-300 系列 PLC 的 CPU（不包括 CPU 318）只能使用 OB20。

延时中断必须在用户程序中，通过调用系统功能 SFC32（SRT_DINT）来启动，在调用 SFC32 时，同时设置延时时间和需要启动的延时中断组织块块号。延时 OB 只有在 CPU 处于运行状态时才运行，一个暖启动或冷启动清除任何延时 OB 的启动事件。如果延时中断已经启动，而延时时间尚未到达，则可以通过在用户程序中调用 SFC33（CAN_DINT）来取消延时中断的执行。通过调用系统功能 SFC34（QRT_DINT）可以查询延时中断的状态。

延时中断的调用可以通过使用系统功能 SFC39（DIS_IRT）和 SFC40（EN_IRT）来禁止和启用，使用 SFC41（DIS_AIRT）和 SFC42（EN_AIRT）来延时和启用。

如果 CPU 中没有装载延时中断 OB，系统将调用 OB85（程序执行错误）；如果用户程序中没有 OB85，CPU 将跳转到 STOP 模式。如果延时中断 OB 正在执行，又有一个延时中断 OB 延时时间被启动，操作系统将调用 OB80（计时错误）；如果用户程序没有 OB80，则跳转到 STOP 模式。

7.2.7　硬件中断组织块

硬件中断组织块用于快速响应信号模块、通讯处理器、功能模块等的信号变化，从而满足用户的特殊需求。S7-300/400 提供多达 8 个独立的硬件中断组织块 OB，即 OB40～OB47。其中，S7-300/400 系列 PLC 的 CPU（不包括 CPU 318）只能使用 OB40。

通过 Step7 进行参数设置，可以为能够触发硬件中断的每一个信号模块指定哪个通道在哪种条件下触发一个硬件中断，执行哪个硬件中断 OB（作为默认，所有硬件中断被 OB40 处理）。硬件中断可由不同的模块触发，对于可分配参数的信号模块 DI、DO、AI、AO 等，可使用硬件组态工具来定义触发硬件中断的信号。运用 CP 和 FM 模板，可以用它们自己的软件设置这些参数。例如配置模拟量输入模块时，可以设定测量值的允许范围，如果测量值超过这个界限，OB40 将被调用执行，该功能与 OB1 中的比较逻辑相似，但是它省略了在 OB1 中的控制程序，节约了循环扫描时间。

　　在硬件中断被模板触发之后，操作系统识别相应的槽和相应的硬件中断 OB。如果这个 OB 比当前激活的 OB 优先级高，则启动 OB。在硬件中断 OB 执行之后，将发送通道确认。如果在处理硬件中断的同时，同一中断模板上有另一个硬件中断，这个新的中断的识别与确认过程如下。

　　①如果事件发生在以前触发硬件中断的通道，旧的硬件中断触发程序正在执行，则新中断丢失。如图 7-13 所示。图中例子是一个数字量输入模板的通道。触发信号是上升沿。硬件中断 OB 是 OB40。

图 7-13　硬件会中断执行示意图

　　②如果这个事件发生在同一模板的另一个通道，那么没有硬件中断能被触发。但是这个中断没有丢失，在确认当前激活硬件之后被触发。

　　③如果一个硬件中断并且它的 OB 正在由于另一个模板的硬件中断而激活着，则记录新的中断申请，在空闲后会执行该中断。

7.2.8　异步错误组织块

（1）错误处理概述

S7-300/400 系列 PLC 具有很强的错误检测和故障处理能力。CPU 检测到错误后，操作系统将调用相应的错误中断组织块，用户可以在这些块中编写相应的错误处理程序，对发生的错误采取相应的措施。如果该错误中断组织块没有下装到 PLC 的 CPU 中去，而出现错误时，CPU 将进入 STOP 模式。所以，为避免错误出现时 CPU 进入停机状态，可以在 CPU 中事先建立一个空的错误中断组织块。

　　异步错误是与 PLC 的硬件或操作系统密切相关的错误，是 PLC 内部的功能性错误，与程序执行无关。异步错误 OB 具有最高等级的优先级，其他 OB 不能中断它们。

　　系统程序可以检测出下列错误：不正确的 CPU 功能、系统程序执行中的错误、用户程序中的错误和 I/O 中的错误。根据错误类型的不同，CPU 被设置为进入 STOP 模式或调用一个错误处理 OB。

　　当 CPU 检测到错误时，会调用适当的组织块（见表 7-4），如果没有相应的错误处理 OB，CPU 将进入 STOP 模式。用户可以在错误处理 OB 中编写如何处理这种错误的程序，以减小或消除错误的影响。

表 7-4 错误处理组织块

错误类型	例子	OB	优先级
时间错误	超出最大循环扫描时间	OB80	26
电源故障	后备电池失效	OB81	26/28
诊断中断	有诊断能力模块的输入断线	OB82	
插入/移除中断	在运行时移除 S7-400 的信号模块	OB83	
CPU 硬件故障	MPI 接口上出现错误的信号电平	OB84	
程序执行错误	更新映像区错误（模块有缺陷）	OB85	
机架错误	扩展设备或 DP 从站故障	OB86	
通讯错误	读取信息格式错误	OB87	

为避免发生某种错误时 CPU 进入停机状态，可以在 CPU 中事先建立一个对应的空组织块。

操作系统检测到一个异步错误时，将启动相应的 OB。异步错误 OB 具有最高等级的优先级，如果当前正在执行的 OB 在启动组织块中发生异步错误，此 OB 异步错误中断优先级为 28，其他 OB 不能中断它们；如果当前正在执行的 OB 不在启动组织块中发生异步错误，此 OB 异步错误中断优先级为 26。如果同时有多个相同优先级的异步错误 OB 出现，将按照出现的顺序处理它们。

用户可以利用 OB 中的变量声明表提供的信息来判断错误的类型，OB 的局域数据中的变量 OB8x _ FLT _ ID 和 OB12x _ SW _ FLT 包含错误代码。它们的具体含义见 "S7-300/400 的系统软件和标准功能参考手册"。

（2）错误的分类

被 S7 CPU 检测到并且用户可以通过组织块对其进行处理的错误分为两个基本类型。

①异步错误。它是与 PLC 的硬件或操作系统密切相关的错误，与程序执行无关。异步错误的后果一般都比较严重。异步错误对应的组织块为 OB70～OB73 和 OB80～OB87，有最高的优先级。

②同步错误。它是与程序执行有关的错误，OB121 和 OB122 用于处理同步错误，它们的优先级与出现错误时被中断的块的优先级相同，即同步错误 OB 中的程序可以访问块被中断时累加器和状态寄存器中的内容。对错误进行适当处理后，可以将处理结果返回被中断的块。

（3）电源故障处理组织块（OB81）

电源故障包括后备电池失效或未安装，S7-400 的 CPU 机架或扩展机架上的 DC 24V 电源故障。电源故障出现和消失时操作系统都要调用 OB81。

（4）时间错误处理组织块（OB80）

循环监控时间的默认值为 150ms，时间错误包括实际循环时间超过设置的循环时间，因为向前修改时间而跳过日期时间中断、处理优先级时延迟太多等。

为 OB80 编程时应判断是哪个日期时间中断被跳过，使用 SFC29 "CAN_TINT" 可以取消跳过的日期时间中断。只有新的日期时间中断才会被执行。

如果没有在 OB80 中取消跳过的日期时间中断，则执行第一个跳过的日期时间中断，其他的被忽略。

（5）诊断中断处理组织块（OB82）

如果模块有诊断功能并且激活了它的诊断中断，当它检测到错误时，以及错误消失时，操作系统都会调用 OB82。当一个诊断中断被触发时，有问题的模块自动地在诊断中断 OB 的启动信息和诊断缓冲区中存入 4B 的诊断数据和模块的起始地址。在编写 OB82 的程序时，要从 OB82 的启动信息中获得与出现的错误有关的更确切的诊断信息，例如是哪一个通道出错，出现的是哪种错误。使用 SFC51 "RDSYSST" 可以读出模块的诊断数据，用 SFC52 "WR_USMSG" 可以将这些信息存入诊断缓冲区。也可以发送一个用户定义的诊断报文到监控设备。

OB82 在下列情况时被调用：有诊断功能的模块的断线故障、模拟量输入模块的电源故障、输入信号超过模拟量模块的测量范围等。

（6）CPU 硬件故障处理组织模块（OB84）

当 CPU 检测到 MPI 网络的接口故障、通讯总线的接口故障或分布式 I/O 网卡的接口故障时，操作系统调用 OB84，故障消除时也会调用该 OB 块，即事件到来和离开时都调用该 OB 块。在编写 OB84 的程序时，应根据 OB84 的启动信息，用系统功能 SFC52 "WR_USMSG" 发送报文到诊断缓冲区。

（7）优先级错误处理组织块（OB85）

在以下情况下将会触发优先级错误中断：

①产生了一个中断事件，但是对应的 OB 块没有下载到 CPU。

②访问一个系统功能块的背景数据块时出错。

③刷新过程映像表时 I/O 访问出错，模块不存在或有故障。

在编写 OB85 的程序时，应根据 OB85 的启动信息，判定是哪个模块损坏或没有插入。可以用 SFC49 "LGC_GADR" 查找有关模块所在的槽。

（8）机架故障组织块（OB86）

出现下列故障或故障消失时，都会触发机架故障中断，操作系统将调用 OB86：扩展机架故障（不包括 CPU 318），DP 主站系统故障或分布式 I/O 故障。故障产生和故障消失时都会产生中断。

编写 OB86 的程序时，应根据 OB86 的启动信息，判断是哪个机架损坏或找不到。可以用系统概念 SFC52 "WR_USMSG" 将报文存入诊断缓冲区，并将报文发送到监控设备。

（9）通讯错误组织块（OB87）

在使用通讯功能块或全局数据（GD）通讯进行数据交换时，如果出现下列通讯错误，操作系统将调用 OB87：

①接收全局数据时，检测到不正确的帧标识符（ID）。

②全局数据通讯的状态信息数据块不存在或太短。

③接收到非法的全局数据包编号。

如果用于全局数据通讯状态信息的数据块丢失，需要用 OB87 生成该数据块并将它下载到 CPU。

7.2.9 同步错误组织块

（1）同步错误

同步错误是与执行用户程序有关的错误，程序中如果有不正确的地址区、错误的编号或错误的地址，都会出现同步错误，操作系统将调用同步错误组织块，见表 7-5。

表 7-5   同步错误组织块

错误类型	例子	OB	优先级
编程错误	在程序中调用一个 CPU 中并不存在的块	OB121	与被中断的错误 OB 优先级相同
访问错误	访问一个模块有故障或不存在的模块	OB122	

当程序中有错误的编号时，或在程序中调用一个 CPU 中并不存在的逻辑块或数据块时，系统将调用编程错误中断组织块 OB121。当在程序中访问一个有故障或不存在的模块，如直接访问一个不存在的 I/O 模块时，将调用 I/O 访问错误中断组织块 OB122。

同步错误 OB 的优先级与检测到出错的块优先级一致。因此 OB121 和 OB122 可以访问中断发生时累加器和其他寄存器中的内容。用户程序可以用它们来处理错误，例如出现对某个模拟量输入访问错误时，可以在 OB122 中用 SFC44 定义一个替代值。

同步错误可以用 SFC36 "MASK_FLT" 来屏蔽，使某些同步错误不触发同步错误 OB 的调用，但是 CPU 在错误寄存器中记录发生的被屏蔽的错误。用错误过滤器中的一位来表示某种同步错误是否被屏蔽。错误过滤器分为程序错误过滤器和访问错误过滤器，分别占一个双字。

调用 SFC37 "DMSK_FLT" 并且在当前优先级被执行后，将解除被屏蔽的错误，并且清除当前优先级的事件状态寄存器中相应的位。

可以用 SFC38 "READ_ERR" 读出已经发生的被屏蔽的错误。

对于 S7-300（CPU 318 除外），不管错误是否被屏蔽，错误都会被送入诊断缓冲区，并且 CPU 的 "组错误" LED 会被点亮。

可以在不同的优先级屏蔽某些同步错误。在这种情况下，在特定的优先级中发生这类错误时不会停机，CPU 把该错误存放到错误寄存器中。但是无法知道是什么时候发生错误，也无法知道错误发生的频率。

S7-400 CPU 的同步错误 OB 可以启动另一个同步错误 OB，而 S7-300 CPU 没有这个功能。

（2）编程错误组织块（OB121）

出现编程错误时，CPU 的操作系统将调用错误组织块 OB121，OB121 错误代码见表 7-6。

表 7-6

OB121 错误代码表

B#16#21 OB121_FLT_REG	BCD 转换错误 有关寄存器的标识符，例如累加器 1 的标识符为 0
B#16#22 B#16#23 B#16#28 B#16#29 OB121_FLT_REG OB121_RESERVED_1	读操作时的区域长度错误 写错误时的区域长度错误 用指针读字节、字和双字时位地址不为 0 用指针写字节、字和双字时位地址不为 0 不正确的字节地址、可以从 OB121_RESERVED_1 读出数据区和访问类型 第 0~7 位为访问类型，为 0~3，分别表示访问位、字节、字和双字；第 0~3 位为存储器区，为 0~7，分别表示 I/O 区、过程映像输入表、过程映像输出表、为存储器、共享 DB、背景 DB、自己的局域数据和调用者的局域数据
B#16#24 B#16#25 OB121_FLT_REG	读操作时的范围错误 写操作时的范围错误 低字节有非法区域的标识符（B#16#86 为自己的数据区）
B#16#26 B#16#27 OB121_FLT_REG	定时器编号错误 计时器编号错误 非法的编号
B#16#30 B#16#31 B#16#32 B#16#33 OB121_FLT_REG	对有写保护的全局 DB 的写操作 对有写保护的背景 DB 的写操作 访问共享 DB 时的 DB 编号错误 访问背景 DB 时的 DB 编号错误 非法的 DB 编号
B#16#34 B#16#35 B#16#3A B#16#3C B#16#3D B#16#3E B#16#3F OB121_FLT_REG	调用 FC 时的 FC 编号错误 调用 FB 时的 FB 编号错误 访问未下载的 DB，DB 编号在允许范例 访问未下载的 FC，FC 编号在允许范例 访问未下载的 SFC，SFC 编号在允许范例 访问未下载的 FB，FB 编号在允许范例 访问未下载的 SFB，SFB 编号在允许范例 非法的编号

（3）I/O 访问错误组织块（OB122）

Step7 指令访问有故障的模块，例如直接访问 I/O 错误（模块损坏或找不到），或者访问了一个 CPU 不能识别的 I/O 地址，此时 CPU 的操作系统将会调用 OB122 错误代码 B#16#44 和 B#16#45 表示错误相当严重，例如可能是因为访问的模块不存在，导致多次访问出错，这时应采取停机的措施。

对于某些同步错误，可以调用系统功能 SFC44，为输入模块提供一个替代值来代替错误值，以便使程序能继续进行。如果错误发生在输入模块，可以在用户程序中直接替代。如果是输出模块错误，输出模块将自动地用组态时定义的值替代。替代值虽然不一定能反映真实的过程信号，但是可以避免终止用户程序和进入 STOP 模式。

7.2.10 背景组织块

在合理配置 CPU 的基础上，可以设置最小扫描循环时间。如果主程序 OB1（包括中断）占用时间较少，在开始重新调用 OB1 的下一个周期之前，CPU 会等待最小扫描周期的剩余时间。

在周期的实际结束点和最小扫描循环时间点之间的这段时间内，CPU 执行背景组织块 OB90，如图 7-14 所示。OB90 是以"片段"形式执行的。当操作系统调用 CPU 时，就会中断 OB90；当 OB1 执行结束时，OB90 从断点开始继续执行扫描。"片段"的时间长度取决于 OB1 的当前扫描周期时间。OB1 的周期扫描时间越接近最小扫描循环时间，留给 OB90 的执行时间越少。

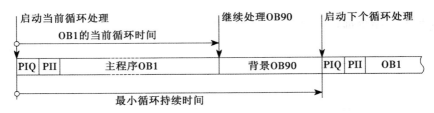

图 7-14 背景组织块运行示意图

OB90 的优先级为 29（最低），不能通过参数设置进行修改。OB90 可以被所有其他的系统功能和任务中断。OB90 只在 CPU 处于 RUN 模式时才被执行。暂态局部数据的启动信息 OB90_STRT_INF 给出了触发 OB90 执行的事件。

①B#16#91：CPU 重启动之后。

②B#16#92：OB90 中正在执行的块被删除之后（用 Step7）。

③B#16#93：在 RUN 方式下装 OB90 到 CPU 之后。

④B#16#95：背景扫描周期结束开始一个新的背景扫描周期。

在 OB90 的运行时间不受 CPU 操作系统的监视，用户可以在 OB90 中编写长度不受限制的程序。如果没有对 OB90 编程，CPU 要等到定义的最小扫描循环时间到达为止，再开始下一次循环操作。用户可以将对运行时间要求不高的操作放在 OB90 中去执行，以避免出现等待时间。

7.3 从用户角度看程序结构

从用户角度看，程序结构分为线性化编程（结构）、模块化编程（结构）和结构化编程（结构）。

7.3.1 线性化编程

线性化编程类似于硬件继电器控制电路，整个用户程序放在循环控制组织块 OB1

（主程序）中，如图 7-15 所示。循环扫描时不断地依次执行 OB1 中的全部指令。线性化编程具有不带分支的简单结构，即一个简单的程序块包含系统的所有指令。这种方式的程序结构简单，不涉及功能块（FB）、功能（FC）、数据块（DB）、局域变量和中断等较复杂的概念，容易入门。

图 7-15　某电机控制及信息显示程序的线性化组成示意图

由于所有的指令都在一个块中，即使程序中的某些部分在大多数时候并不需要执行，但循环扫描工作方式中每个扫描周期都要扫描执行所有的指令，CPU 额外增加了不必要的负担，没有充分利用。此外如果要去多次执行相同或类似的操作，线性化编程的方法需要重复编写相同或类似的程序。

通常不建议用户采用线性化编程的方式，除非是刚入门或者程序非常简单。

7.3.2　案例 20——模块化编程

模块化编程是将程序分为不同的逻辑块，每个块中包含完成某部分任务的功能指令。组织块 OB1 中的指令决定块的调用和执行，被调用的块执行结束后，返回到 OB1 中程序块的调用点，继续执行 OB1，该过程如图 7-16 所示。模块化编程中 OB1 起着主程序的作用，功能（FC）或功能块（FB）控制着不同的过程任务，如电动机控制、电动机相关信息及其运行时间等，它们相当于主循环程序的子程序。模块化编程中被调用块不向调用块返回数据。

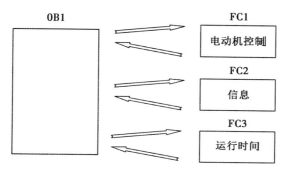

图 7-16　模块化程序的调用示意图

模块化编程中，在主循环程序和被调用的块之间没有数据的交换。同时，控制任务被分成不同的块，易于几个人同时编写，而且相互之间没有冲突，互不影响。此外，将程序分成若干块，将易于程序的调试和故障的查找。OB1 中的程序包含调用不同块的指令，由于每次循环中不是所有的块都执行，只有需要时才调用有关的程序块，这样，将有助于提高 CPU 的利用效率。

建议用户在编程时采用模块化编程，程序结构清晰、可读性强、调试方便。

下面通过两个例子说明模块化编程的思想。

①假设有两台电动机，控制模式是相同的：按下启动按钮（电动机 1 为 I0.0，电动机 2 为 I1.0），电动机启动运行（电动机 1 的输出点为 Q2.0，电动机 2 的输出点为 Q2.1），按下停止按钮（电动机 1 为 I0.1，电动机 2 为 I1.1），电动机便停止运行。

这是典型的自锁控制程序（参考 5.3.2 节中案例 10），采用模块化编程的思想，分别在 FC1 和 FC2 中编写控制程序，FC1 与 FC2 在 OB1 中的调用，如图 7-17 所示。

由图 7-17 可以看出，电动机 1 的控制程序 FC1 和电动机 2 的控制程序 FC2 在形式上是完全相同的，只是具体的地址不同。

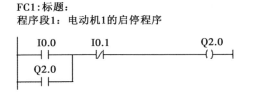
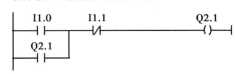

图 7-17 逻辑控制的模块化编程

②采用模块化编程思想实现运算：$e = a \times b + c \times d$。

建立一个符号名为 "abc" 的 DB1 及相应的存储区域，假设 a 为整数存放于 DB1.DBW0，b 为整数存放于 DB1.DBW2，c 为整数存放于 DB1.DBW4，d 为整数存放于 DB1.DBW6，e 为整数存放于 DB1.DBW8。并根据运算的需要建立 t1 和 t2 两个整数变量，分别存放于 DB1.DBW10 和 DB1.DBW12。

在 FC3 中编写程序并在主程序中调用 FC3，如图 7-18 所示。

FC3:标题

程序段1：标题

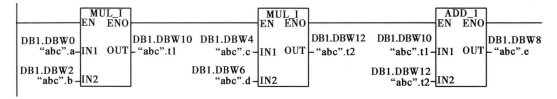

OB1:"Main Program Sweep（Cycle）".

程序段1：调用FC3

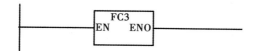

图 7-18　运算程序的模块化编程

由图 7-18 可以看出，尽管程序的最终目的是获得两个加法的总和而不在乎 a×b、c×d的值，但是仍需要填写全局地址来存储相应的中间结果，这样极大地浪费了全局地址的使用。这种情况下，可以使用临时变量，下面将此例的中间结果存储在临时变量中，来说明临时变量的使用。

临时变量可以用于所有块（OB、FC、FB）中。当块执行的时候它们被用来临时存储数据，当退出该块时这些数据将丢失。这些临时数据存储在 L stack（局部数据堆栈）中。

临时变量是在块的变量声明表中定义的，在"temp"行中输入变量名和数据类型，注意临时变量不能赋予初值。当块保存后，"地址"栏中将显示其在 L stack 中的位置。

在 FC3 中的声明区定义如下临时变量，如图 7-19 所示。

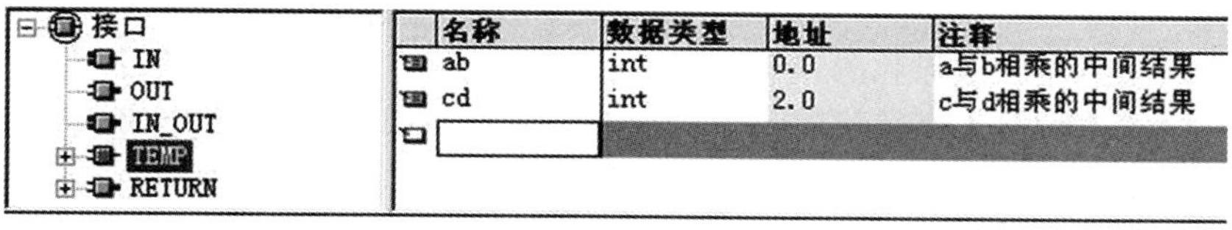

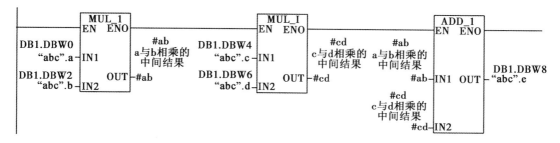

图 7-19　定义临时变量

将图 7-18 中的中间地址使用的全局地址更换为图 7-19 所示的临时变量，如图7-20所示。

FC3:标题

程序段1：标题

图 7-20　使用临时变量改写后的 FC3

7.3.3　结构化编程

结构化编程是通过抽象的方式将复杂的任务分解成一些能够反映过程的工艺、功能或可以反复使用的、可单独解决的小任务，这些任务由相应的程序块（或称逻辑块）来表示，程序运行时所需的大量数据和变量存储在数据块中。某些程序块可以用来实现相同或相似的功能。这些程序块是相对独立的，它们被 OB1 或其他程序块调用。

在块调用中，调用者可以是各种逻辑块，包括用户编写的组织块（OB）、FB、FC和系统提供的 SFB 与 SFC，被调用的块是 OB 之外的逻辑块。调用 FB 时需要为它指定一个背景数据块，后者随着 FB 的调用而自动打开，在调用结束时自动关闭，如图 7-21 所示。

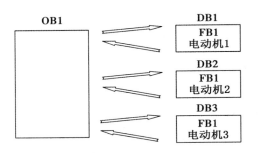

图 7-21　结构化程序的调用示意图

和模块化编程不同，结构化编程中通用的数据和代码可以共享。结构化编程具有如下一些优点：

①各单个任务块的创建和测试可以相互独立地进行。

②通过使用参数，可将块设计得十分灵活。例如，可以创建一个钻孔程序块，其坐标和钻孔深度可以通过参数传递进来。

③块可以根据需要在不同的地方以不同的参数数据记录进行调用。

④在预先设计的库中，能够提供用于特殊任务的"可重用"块。

结构化编程可简化程序设计过程，减少代码长度、提高编程效率，比较适合于复杂自动控制任务的设计。

7.4　练习

①经典 Step7 中可以创建 OB2，但其是否可以下载到 CPU？

②若 PLC 的系统时间不准，日时间中断组织块和循环中断组织块哪个受影响？

第 8 章　S7-300/400 的模拟量闭环控制

8.1　模拟量闭环控制与 PID 控制器

8.1.1　模拟量闭环控制系统的组成

（1）模拟量闭环控制系统

典型的 PC 模拟量闭环控制系统如图 8-1 所示。

在模拟量闭环控制系统中，被控量 $c(t)$（例如压力、温度、流量、液位、转速等）是连续变化的模拟量，大多数执行机构（例如电动调节阀等）要求 PLC 输出模拟量信号 $mv(t)$，而 PLC 的 CPU 只能处理二进制数字值。$c(t)$ 首先被测量元件（传感器）和变送器转换为标准量程的直流电流信号或直流电压信号 $pv(t)$，PLC 用模拟量输入模块中的 A/D 转换器将它们转换为时间上离散的数字值 $pv(n)$。

模拟量与数字值之间的相互转换和 PID 程序的执行都是周期性的操作，其间隔时间称为采样周期 T_S。各数字值括号中的 n 表示该变量是第 n 次采样计算时的数字值。

图 8-1 中的 $sp(n)$ 是给定值，$pv(n)$ 为 A/D 转换后的过程值（即反馈值），误差 $ev(n) = sp(n) - pv(n)$。模拟量输出模块的 D/A 转换器将 PID 控制器输出的数字值 $mv(n)$ 转换为模拟量（直流电压或直流电流）$mv(t)$，再去控制执行机构。

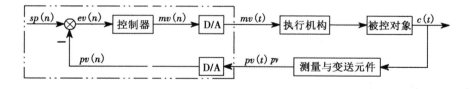

图 8-1　PLC 模拟量闭环控制系统框图

例如在加热炉温度闭环控制系统中，被控对象为加热炉，被控制的物理量为温度 $c(t)$。用热电偶检测炉温，温度变送器将热电偶输出的微弱电压信号转换为标准量程的电流或电压，然后送给模拟量输入模块，经 A/D 转换后得到与温度成比例的数字值，CPU 将它与温度设定值比较，并按某种控制规律（例如 PID 控制算法）对误差值进行运算，将运算结果（数字值）送给模拟量输出模块，经 D/A 转换后变为电流信号或电压信号，用来控制电动调节阀的开度，通过它控制加热用的天然气流量，实现对温度的闭环控制。

闭环负反馈控制可以使控制系统的反馈值 $pv(n)$ 等于或跟随给定值 $sp(n)$。以炉温控制系统为例，假设被控量温度值 $c(t)$ 低于给定的温度值，反馈值 $pv(n)$ 小于给定值 $sp(n)$，误差 $ev(n)$ 为正，控制器的输出量 $mv(t)$ 将增大，使执行机构（电动调节阀）的开度增大，进入加热炉的天然气流量增加，加热炉的温度升高，最终使实际温度接近或等于给定值。

天然气压力的波动、工件进入加热炉，这些因素称为扰动量，它们会破坏炉温的稳定，有的扰动量很难检测和补偿。闭环控制具有自动减小和消除误差的功能，可以有效地抑制闭环中各种扰动对被控量的影响，使控制系统的反馈值 $pv(n)$ 等于或跟随给定值 $sp(n)$。闭环控制系统的结构简单，容易实现自动控制，因此在各个领域得到了广泛的应用。

（2）传感器的选择

在生产过程中，存在大量的物理量，如压力、温度、速度、旋转速度、pH 值、黏度等。为了实现自动控制，这些模拟信号需要被 PLC 处理。测量传感器能利用线性膨胀、角度扭转或电导率变化等原理来测量物理量的变化，并将其成比例地转换为另一种便于计量的物理量。在传感器选取的时候需要考虑量程、信号类型等因素。

（3）变送器的选择

变送器用于将传感器提供的电量或非电量转换为标准量程的直流电流信号或直流电压信号，例如 DC $0\sim10$V 和 $4\sim20$mA 的信号。变送器分为电流输出型和电压输出型，电压输出型变送器具有恒压源的性质，PLC 模拟量输入模块的电压输入端和输入阻抗很高，例如 $0.1\sim10$MΩ。如果变送器距离 PLC 较远，线路间的分布电容和分布电感产生的干扰信号电流在模块的输入阻抗上将产生较高的干扰电压。例如 1μA 干扰电流在 10MΩ 输入阻抗上将产生 10V 的干扰电压信号，所以远程传送模拟量电压信号时抗干扰能力很差。

电流输出具有恒流源的性质，恒流源的内阻很大。PLC 的模拟量输入模块输入电流时，输入阻抗较低（例如 250Ω）。线路上的干扰信号在模块的输入阻抗上产生的干扰电压很低，所以模拟量电路信号适于远程传送。电流传送比电压传送的传送距离远得多，S7-300/400 的模拟量输入模块使用屏蔽电缆信号线时，允许的最大距离为 200m。

变送器分为二线制和四线制两种，四线制变送器有两根信号线和两根电源线。二线制变送器只有两根外部接线（见图 8-2），它们既是电源线，也是信号线，输出 $4\sim20$mA 的信号电流，DC24V 电源串接在回路中，有的二线制变送器通过隔离式安全栅供电。通过调试，在被检测信号量程的下限时输出电流为 4mA，被检测信号满量程时输出电流为 20mA。二线制变送器的接线少，信号可以远传，在工业中得到了广泛的应用。

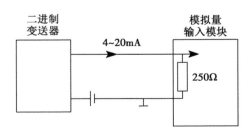

图 8-2 二进制变送器

（4）模拟量模块选择

模拟量模块主要包括 A-D 转换模块和 D-A 转换模块。由于变送器传送过来的是模拟信号，而 PLC 的 CPU 只能处理数字信号，因此需要采用 A-D 转换模块将模拟量转换为数字量；同样的，CPU 输出的信号必须经过 D-A 转换模块转换为模拟量再送给执行机构。

8.1.2　闭环控制的主要性能指标

（1）闭环系统性能指标的相关问题

一个控制性能良好的过程控制系统在受到外来干扰作用或给定值发生变化后，应平稳、迅速、准确地回归（或跟随）到给定值上。在衡量和比较不同的控制方案时，必须定出评价控制性能好坏的质量指标。这些控制质量指标是根据工业生产过程对控制的实际要求确定的。

在典型输入信号作用下，系统输出量从初始状态到最终状态的响应过程称为过渡过程或动态过程，它提供系统稳定性、响应速度及阻尼情况等信息，用动态性能描述。动态性能是描述稳定的系统在单位阶跃函数的作用下，动态过程随时间 t 的变化状况的指标。图 8-3 为一个典型二阶系统的阶跃响应曲线。

系统输出量第一次达到稳态值的时间 t_r 称为上升时间，上升时间反映了系统在响应初期的快速性。

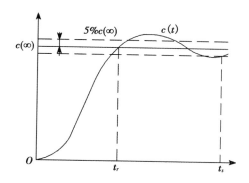

图 8-3　被控对象的阶跃响应曲线

阶跃响应曲线进入并停留在稳态值 $c(\infty)$ 上下 ±5%（2%）的误差带内的时间 t_s 称为调节时间，到达调节时间表示过渡过程已基本结束。

设动态过程中输出量的最大值为 $c_{\max}(t)$，如果它大于输出量的稳态值 $c(\infty)$，定义超调量为：

$$\sigma\% = \frac{c_{\max}(t) - c(\infty)}{c(\infty)} \times 100\% \tag{8-1}$$

超调量反映了系统的相对稳定性，它越小动态稳定性越好，一般希望超调量小于 10%。

系统的稳态误差是进入稳态后输出量的期望值与实际值之差，它反映了系统的稳态精度。

（2）闭环控制反馈极性的确定

闭环控制必须保证系统是负反馈（误差＝给定值−反馈值），而不是正反馈（误差＝给定值+反馈值）。如果系统接成了正反馈，将会失控，被控量会往单一方向增大或减小，给系统的安全带来极大的威胁。

闭环控制系统的反馈极性与很多因素有关，例如因为接线改变了变送器输出电流或输出电压的极性，或改变了绝对式位置传感器的安装方向，都会改变反馈的极性。

可以用下述的方法来判断反馈的极性：在调试时断开模拟量输出模块与执行机构之间的连线，在开环状态下运行 PID 控制程序。如果控制器中有积分环节，因为反馈被断开了，不能消除误差，模拟量输出模块的输出电压或电流会朝一个方向变化。这时如果假设接上执行机构，能减小误差，则为负反馈，反之为正反馈。

以温度控制系统为例，假设开环运行时给定值大于反馈值。若模拟量输出的输出值不断增大，如果形成闭环，将使电动调节阀的开度增大，闭环后温度反馈值将会增大，使误差减小，由此可以判定系统是负反馈。

（3）闭环控制系统存在的问题

使用闭环控制后，并不能保证得到良好的动静态性能，这主要是系统中的滞后因素造成的。以调节洗澡水的温度为例，我们用皮肤检测水的温度，人的大脑是闭环系统的控制器。假设我们感受到水温偏低，往热水方向扳动阀门时，由于从阀门到出水口有一段距离，需要经过一定的时间延迟，才能感觉到水温的变化。如果调节阀门的角度太大，将会造成水温忽高忽低，来回振荡。如果没有滞后，调节阀门后马上就能感觉到水温的变化，那就很好调节了。

闭环中的滞后因素主要来源于被控对象。如果 PID 控制器的参数整定得不好，阶跃响应曲线将会产生很大的超调量，系统甚至会不稳定，响应曲线出现等幅振荡或振幅越来越大的发散振荡。

（4）正作用和反作用调节

PID 的正作用和反作用是指 PID 的输出值与反馈值之间的关系。在开环状态下，PID 输出量控制的执行机构的输出增加使反馈值（过程变量）增大的是正作用；使反馈值减小的是反作用。以加热炉温度控制系统为例，其执行机构的输出（调节阀的开度）增大，使被控对象的温度升高，这就是一个典型的正作用。制冷则恰恰相反，PID 输出值控制的压缩机的输出功率增加，使被控对象的温度降低，这就是反作用。

把 PID 回路的比例增益（即放大系数 P）设为负数，就可以实现 PID 反作用调节。

8.1.3　PID 控制器的数字化

8.1.3.1　PID 控制器的优点

PID 是比例、微分、积分的缩写，目前各种控制产品（例如 PLC、DCS、RTU、工控机和专用的控制器）几乎都使用 PID 控制器，因此 PID 控制器是应用最广的闭环控制器。这是因为 PID 控制具有以下的优点。

（1）不需要被控对象的数学模型

大学的电类专业有一门课程叫作自动控制理论，它专门研究闭环控制中的理论问题。这门课程的分析和设计方法主要建立在被控对象的线性定常数学模型的基础上。该模型忽略了实际系统中的非线性和时变性，与实际系统有较大的差距，实际上很难建立大多数被控对象较为准确的数学模型。此外自动控制理论采用频率法和根轨迹法，它们属于间接的研究方法。由于上述原因，自动控制理论中的控制器设计方法很少直接用于实际的工业控制。

PID 控制采用完全不同的控制思路，它不需要被控对象的数学模型，通过调节控制器少量的参数就可以得到较为理想的控制效果。

（2）结构简单，容易实现

PLC 厂家提供了实现 PID 控制功能的多种硬件软件产品，例如 PID 闭环控制模块、PID 控制指令或 PID 控制功能块等，它们使用简单方便，编程工作量少，只需要调节少量参数就可以获得较好的控制效果，各参数有明确的物理意义。

（3）有较强的灵活性和适应性

可以用 PID 控制器实现多回路控制、串级控制等复杂的控制。根据被控对象的具体情况，可以采用 PID 控制器的多种变种和改进的控制方式，例如 PI、PD、带死区的 PID、被控量微分 PID 和积分分离 PID 等。随着智能控制技术的发展，PID 控制与现代控制方法结合，可以试想 PID 控制器的参数自整定，使 PID 控制器具有经久不衰的生命力。

8.1.3.2　PID 控制器在连续控制系统中的表达式

PLC 的 PID 控制器的设计是以连续的 PID 控制规律为基础，将其数字化，变成离散形式的 PID 方程，再根据离散方程进行设计。

模拟量 PID 控制器的输出表达式为：

$$mv(t) = K_P\left[ev(t) + \frac{1}{T_I}\int ev(t)\,\mathrm{d}t + T_D\frac{\mathrm{d}ev(t)}{\mathrm{d}t}\right] + M \qquad (8-2)$$

式中：$ev(t)$ ——控制器的误差信号，$ev(t) = sp(t) - pv(t)$，$sp(t)$ 为设定值，$pv(t)$ 为过程变量；

$\quad mv(t)$ ——控制器的输出信号；

$\quad\quad K_P$ ——比例系数；

$\quad T_I$，T_D ——积分时间常数和微分时间常数；

$\quad\quad M$ ——积分部分的初始值。

式（8-2）中等号右边的前 3 项分别是比例、积分、微分部分，它们分别与输入量误差 $ev(t)$、误差的积分和误差的微分成正比。如果取其中的一项或两项，可以组成 P、PI 或 PD 调节器。一般可以采用 PI 控制方式，控制对象的惯性滞后较大时，应采用 PID 控制方式。

积分和微分属于高等数学中的概念，但是并不难理解，它们都有明确的几何意义。控制器输出量中的比例、积分、微分部分都有明确的物理意义。

8.1.3.3　PID 控制器的数字化

假设采样周期为 T_S，系统开始运行的时刻为 $t = 0$，用矩形积分来近似精确积分，用差分近似精确微分，将式（8-2）离散化，第 n 次采样时控制器的输出为：

$$M_n = K_P e_n + K_I \sum_{j=1}^{n} e_j + K_D(e_n - e_{n-1}) + M \qquad (8-3)$$

式中：M_n——第 n 次采样时的控制器输出信号；

$\quad\quad e_n$——第 n 次采样时的误差值；

$\quad\quad K_P$——比例系数；

$\quad\quad K_I$——积分系数；

$\quad\quad K_D$——微分系数；

$\quad\quad M$ ——积分部分的初始值。

8.1.3.4 死区特性在 PID 控制中的应用

在控制系统中，某些执行机构如果频繁动作，会导致小幅振荡，造成严重的机械磨损。从控制要求来说，很多系统又允许被控量在一定范围内存在误差。带死区（见图8-4）的 PID 控制器能防止执行机构的频繁动作。当死区非线性环节的输入量（即误差）的绝对值小于设定值 B 时，死区非线性的输出量（即 PID 控制器的输入量）为"0"，这时 PID 控制器的输出分量中，比例部分和微分部分为"0"，积分部分保持不变，因此 PID 的输出保持不变，PID 控制器不起调节作用，系统处于开环状态。当误差的绝对值超过设定值时，开始正常的 PID 控制。

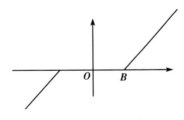

图 8-4 死区宽度

8.2 S7-300/400 的闭环控制功能

8.2.1 S7-300/400 实现闭环控制的方法

S7-300/400 为用户提供了功能强大、使用简单方便的模拟量闭环控制功能。

（1）PID 控制模块

S7-300 的 FM355 和 S7-400 的 FM455 是智能化的 4 路和 16 路通用闭环控制模块，它们集成了闭环控制需要的 I/O 点和软件，FM455 提供了 PID 算法和自优化温度控制算法。

（2）PID 控制功能块

除了专用的闭环控制模块，S7-300/400 也可以用 PID 控制功能块来实现 PID 控制。但是需要配置模拟量输入模块和模拟量输出模块（或数字量输出模块）。

（3）闭环控制软件包

模糊控制软件包适合于对象模型难以建立，过程特性缺乏一致性，具有非线性，但是可以总结出操作经验的系统。

神经网络控制系统（Neuronal Systems）适用于不完全了解其结构和解决方法的控制问题。它可以用于自动化系统的各个层次，例如从单独的闭环控制器到工厂的最优控制。

PID 自整定（PID Self Tuner）软件包可以帮助用于调节 PID 参数。

（4）编写闭环控制模块

上述几种闭环控制算法都是固定的，但是针对某些具体问题，可能需要用户自己编写程序实现。利用 PLC 的编程指令，很容易做到这一点。不仅仅可以编写针对具体问题的程序段，还可以编写高级算法，或者编写改进的 PID 算法，方便灵活。

8.2.2　使用闭环控制软件包中的功能块实现闭环控制

（1）软件包中功能块的调用

常用的闭环控制功能块在程序编辑器左边窗口的文件夹"\ 库 \ Standard Library（标准库）\ PID Controller（PID 控制器）"中。所有型号的 CPU 都可以使用 PID 控制功能块 FB41~FB43，以及用于温度闭环控制的 FB58 和 FB59。

PID 控制器的处理速度与 CPU 的性能有关，必须在控制器的数量和控制器的计算频率（采样周期）之间折中处理。计算频率越高，单位时间的计算量就越大，能使用的控制器的数量就越少。PID 控制器可以控制较慢的系统，例如温度、液位或物料的料位等，也可以控制较快的系统，例如流量和速度等。

（2）PID 控制的注意事项

软件 PID 属于数字 PID 范畴，因此其采样周期必须是等间隔的。通常采用定时中断来保证相同的采样周期，因此一般情况下 PID 功能块都必须在定时中断（例如 OB35）中调用。定时中断周期 T 与 PID 采样周期 $CYCLE$ 的关系应该是 $CYCLE = nT$（$n = 1$，2，3，4，…）。对于一些慢响应过程，当 CPU 的扫描周期 OB1_CYCLE<CYCLE×1% 时，PID 功能块可以在 OB1 中调用（调用触发标志位必须在中断中产生）。

一般，控制器的采样时间 $CYCLE$ 不超过计算所得控制器积分时间 T_I 的 10%。

此外，调用 PID 功能块时，应指定相应的背景数据块。PID 功能块的参数保存在背景数据块中，可以通过数据块的编号、偏移地址或符号地址来访问背景数据块。

8.2.3　模拟量输入及数值整定

（1）模拟量输入

PLC 通过模拟量输入模块，将现场的连续量转换成可从指定地址直接读取的数字量。用户通过读取操作后对输入数据进行量程整定，必要时，还需进行数字滤波以消除干扰信号。

S7-300/400 PLC 模拟量模块一般都是多路的，但是在编程时使用某个地址上的模拟量比较容易，要使用某个模拟量，只要读取相应模拟量的地址即可。对模拟量的读取可以在一般的子程序中，因此其扫描周期受程序的大小等因素影响。也可将模拟量的采集放在中断中，这样模拟量的采样完全受中断控制。

（2）输入信号的数值整定

压力、温度、流量等过程量输入信号，经过传感器变为系统可接收的电压或电流信号，再通过模拟量输入模块中的 A-D 转换，以数字量形式传送给 PLC 这种数字量与过程量之间具有一定的函数关系，但在数值上并不相等，也不能直接使用，必须经过一定的转换。

8.2.4　输入量的软件滤波

电压、电流等模拟量常常会因为现场的瞬时干扰而产生较大的扰动，这种扰动经 A-D 转换后反映在 PLC 的输入端。若仅用瞬时采样值进行控制计算，将会产生较大的误差，有必要采用数字滤波方法。工程上数字滤波方法很多，如平均值滤波法、中间值滤波法、惯性滤波法等。

（1）平均值滤波法

平均值滤波法包括算术平均值滤波法和加权平均值滤波法两种，前一种方法是后一种方法的特例。当采样次数越多时，滤波效果越好。这里介绍 PLC 中常用的一种特殊的平均值滤波法——平移式平均值法，其基本原理如下。

若要采样 N 次，则用这 N 次采样值的平均值代替当前值。每一次的采样值与前 $N-1$ 次的采样值进行算术平均运算，结果作为本次采样的滤波值。这样每个扫描周期只需采样一次，再和前 $N-1$ 次的采样值一起计算本次滤波值。每采样一次，采样值向前平移一次，为下次求滤波值做准备。

平均值滤波法流程图如图 8-5 所示。

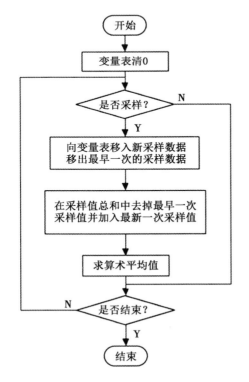

图 8-5　平均值滤波法流程图

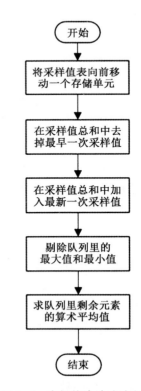

图 8-6　中间值滤波法流程图

（2）中间值滤波法

该方法的原理是：在某一采样周期的 k 次采样值中，除去一个最大值和一个最小值，将剩余的 $k-2$ 个采样值进行算术平均并将结果作为滤波值。

设有 k 个采样值存在下列关系：

$y_1(kT) \leqslant y_2(kT) \leqslant y_{k-1}(kT) \leqslant y_k(kT)$，则滤波值为 $\bar{y}(kT) = \sum\limits_{2}^{k-1} y_i(kT)/(k-2)$。

该方法需对采样值进行排序，找出最大值和最小值，然后求算术平均值。该方法可消除脉冲的干扰。

中间值滤波法流程图如图 8-6 所示。

（3）惯性滤波法

该方法的原理是：按照本次采样值与历史值的可信度来分配其在滤波值中所占的比例，若新的采样值可信度较大，则可在滤波值中占的比例高，否则较小。

该方法的数学表达式为：

$$\bar{y}(kT) = (1 - \alpha)\bar{y}(kT - T) + \alpha y(kT) \tag{8-4}$$

式中：$y(kT)$ ——第 k 个采样周期的采样值；

$\bar{y}(kT)$ ——第 k 个采样周期的滤波值；

α ——惯性系数。

且有：

$$\alpha = \frac{\text{采样周期 } T_s}{\text{滤波时间常数 } T_f} \tag{8-5}$$

这种滤波方法在 PLC 控制系统中经常使用，对于信号变化较缓慢且有较大干扰的情况很有效。

8.2.5　模拟量输出及整定

（1）输出

PLC 控制系统的差异及被控对象控制信号的具体要求，使得 PLC 的各种输出信号常需要经适当处理，最终按各自的要求输出。

PLC 的输出量主要有开关量和模拟量。开关量较为简单，而模拟量在系统内部使用数字量的形式表示。一般情况下，一块模拟量输出模块有多个通道，且数个通道共享一个 D-A 转换单元，输出时需进行通道选择。

（2）整定

模拟量的输出过程也有整定问题。在控制系统中，各种控制运算参数及结果都是以一定的单位、符号的实际量表示的。而输出给控制对象的信号是在一定范围内的连续信号，如电压、电流值等。控制量的计算结果向实际输出控制的转换是由模拟量输出模块完成的。在转换过程中，D-A 转换器需要的是控制量在表达范围内的位值，而并非控制量本身。同时，因各种因素产生的系统偏移量，使得送给 D-A 转换器的位值已预先按确定的函数关系进行了数值转换。这种控制量转换过程称为模拟量输出信号的量值整定。

在整定过程中，需考虑模拟量信号的最大范围、D-A 转换器可容纳的最大位值及系统的偏移量值因素。模拟量的输出整定过程是一个线性处理过程。各输出量的位值由输出的实际控制量范围与最大数字量位值的关系确定。

8.3 连续 PID 控制器 FB41

FB41 "CONT_C"（连续控制器）的输出为连续变量。可以用 FB41 作为单独的 PID 恒值控制器，或者在多闭环控制中实现级联控制器、混合控制器和比例控制器。控制器的功能基于模拟信号采样控制器的 PID 控制算法，如果需要的话，FB41 可以用脉冲发生器 FB43 进行扩展，产生脉冲宽度调制的输出信号，来控制比例执行机构。

PID 控制的系统功能块参数很多，建议结合功能块的框图来学习和理解这些参数。

8.3.1 设定值与过程变量的处理

（1）设定值的输入

设定值以浮点数格式输入到 SP_INT（内部设定值）输入端（见图 8-7）。

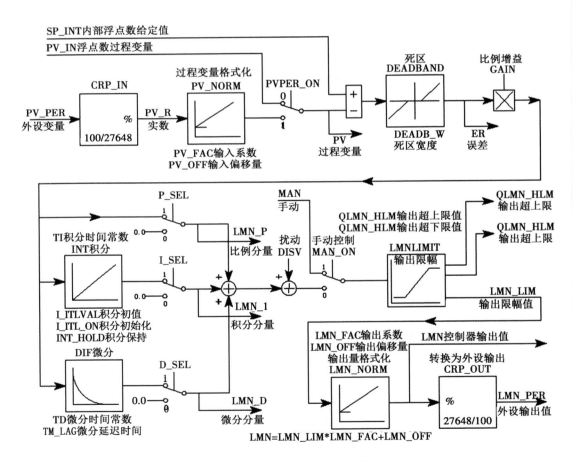

图 8-7 FB41 CONT_C 框图

（2）过程变量的输入

过程变量的输入有以下两种方式：

①用 PV_IN（过程输入变量）输入浮点格式的过程变量，此时 BOOL 输入参数 PVPER_ON（外部设备过程变量 ON）的真值为 0。

②用 PV_PER（外部设备过程变量）输入外部设备（I/O）格式的过程变量，即用模拟量输入模块输出的数字值作为 PID 控制的过程变量，此时 PVPER_ON 的真值为 1。

（3）外部设备过程变量转换为浮点数

在 FB41 内部，PID 控制器的给定值、反馈值和输出值都是用 0.0% ～ 100.0% 的浮点数百分数来表示的。FB41 将来自模拟量输入模块的整数转换为浮点数格式的百分数，将 PID 控制器的输出值转换为送给模拟量输出模块的整数。

外部设备（即模拟量输入模块）正常范围的最大输出值为 27648，对应于模拟量输入的满量程。图 8-7 中的 CRP_IN 方框将外部设备输入值转换为 0.0% ～ 100% 或 −100% ～ 100% 的浮点数格式的数值，CPR_IN 的输出（以% 为单位）用式（8-6）计算：

$$PV\_R = PV\_PER \times 100/27648 \quad (\%)\tag{8-6}$$

（4）外部设备过程变量的格式化

PV_NORM 方框用下面的公式将 CRP_IN 的输出 PV_R 格式化：

$$PV\_NORM \text{ 的输出} = PV\_R \times PV\_FAC + PV\_OFF\tag{8-7}$$

式中：PV_FAC——过程变量的系数，默认值为 1.0；

　　　PV_OFF——过程变量的偏移量，默认值为 0.0。

PV_FAC 和 PV_OFF 用来调节过程输入的范围。

8.3.2　PID 控制算法

（1）误差的计算与处理

用浮点数格式设定值 SP_INT 减去转换为浮点数格式的过程变量 PV（即反馈值），便得到负反馈的误差。

为了抑制由于被控量的量化造成的连续的较小的振荡（例如用 FB 43 PULSEGEN 进行脉冲宽度调制），用死区（DEADBAND）非线性对误差进行处理。死区的宽度由参数 DEADB_W 来定义，如果令 DEADB_W 为 0，则死区被关闭。

（2）PID 算法

FB41 采用位置式 PID 算法，比例运算、积分运算和微分运算 3 部分并行连接，可以单独激活或取消它们，因此可以将控制器组态为 P、PI、PD 或 PID 控制器。虽然也可以组成单独的 I 控制器或 D 控制器，但是很少这样使用。

引入扰动量 DISV（disturbance）可以实现前馈控制，DISV 的默认值为 0.0。

图 8-7 中的 GAIN 为比例部分的增益或称为比例系数，T_I 和 T_D 分别为积分时间和微分时间。输入参数 TM_LAG 为微分操作的延迟时间，手册建议 TM_LAG = TD/5。

P_SEL、I_SEL 和 D_SEL 为 1 状态时分别代表启用比例、积分和微分作用，反之则禁止对应的控制作用。默认的控制方式为 PI 控制。

LMN_P、LMN_I 和 LMN_D 分别是 PID 控制器输出量中的比例分量、积分分量和微分分量，它们供调试时使用。

（3）积分器的初始值

FB41 "CONT_C" 有一个初始化程序，在输入参数 COM_RST（完全重新启动）设置为 1 时该程序被执行。在初始化过程中，如果 I_ITL_ON（积分作用初始化）为 1 状态，将输入变量 I_ITLVAL 作为积分器的初始值。如果在一个循环中断优先级调用它，它将从该数值继续开始运行，所有其他输出都设置为其缺省值。

INT_HOLD 为 1 时积分操作保持，积分输出被冻结，一般不冻结积分输出。

8.3.3 控制器输出值的处理

（1）手动模式

BOOL 变量 MAN_ON 为 1 时是手动模式，为 0 时是自动模式。在手动模式下，控制器的输出值被手动输入值 MAN 代替。

在手动模式下，控制器输出中的积分分量被自动设置为 LMN-LMN_P-DISV（其中的 "−" 为减号），而微分分量被自动设置为 0。这样可以保证手动到自动的无扰切换，即切换前后 PID 控制器的输出值 LMN 不会突变。

（2）输出限幅

LMNLIMIT（输出量限幅）方框用于将控制器输出值（manipulated value）限幅。LMNLIMIT 的输入量超出控制器输出值的上极限 LMN_HLM 时，信号位 QLMN_HLM（输出超出上限）变为 1 状态；小于下限值 LMN_LLM 时，信号位 QLMN_LIM（输出超出下限）变为 1 状态。LMN_HLM 和 LMN_LLM 的默认值分别为 100.0% 和 0.0%。

（3）输出量的格式化处理

LMN_NORM（输出量格式化）方框用下述公式来将限幅后的输出量 LMN_LIM 格式化，以调节控制器输出值的范围：

$$LMN = LMN\_LIM \times LMN\_FAC + LMN\_OFF \qquad (8-8)$$

式中：LMN——格式化后浮点数格式的控制器输出值；

LMN_FAC——输出值系数，默认值为 1.0；

LMN_OFF——输出值偏移量，默认值为 0.0。

（4）输出值转换为外部设备（I/O）格式

LMN 是浮点数格式的控制器输出值，如果要送给模拟量输出模块，需要用 "CPR_OUT" 方框转换为外部设备（I/O）格式的变量 LMN_PER。转换公式为：

$$LMN\_PER = LMN \times 27648/100 \qquad (8-9)$$

8.4 PID 参数整定

8.4.1 PID 参数与系统性能的关系

PID 控制器由 4 个主要的参数 K_P、T_I、T_D、T_S，它们对系统的动静态性能产生巨大的影响。

（1）比例增益

比例部分与误差同步，其调节作用及时，在误差出现时，比例控制能立即给出控制信号，使被控制量向误差减小的方向变化。

若 K_P 太小，系统输出量变化缓慢，调节时间长。如果闭环系统没有积分作用，比例调节会存在稳态误差，稳态误差与 K_P 成反比。增大 K_P 会使系统反应灵敏，上升速度加快，且能减小稳态误差，但会增大超调量，增加振荡次数，K_P 过大甚至会导致闭环系统不稳定。

（2）积分时间

积分部分与误差对时间的积分成正比。因为积分时间 T_I 位于积分项的分母中，故积分时间越小，积分作用越强。

控制器中的积分项与误差的当前值和累计量均有关系，只要误差不为 0，积分作用就会一直变化。积分项有减小误差的作用，一直到系统达到稳态，误差恒为 0，积分部分才不再变化。因此积分作用用于消除稳态误差、提高控制精度。

但是积分作用具有滞后特性，单独使用可能会使系统性能变差，因此一般与比例作用联合使用，构成 PI 或 PID 控制器。

积分作用太强会使系统稳定性变差，超调增大；积分作用太弱系统消除稳态误差的速度减慢。因此积分时间 T_I 取值要适中。

（3）微分时间

微分部分与误差对时间的微分成正比，反映了被控量随时间的变化趋势。微分控制具有超前和预测的特性，在超调量尚未出现时，就能提前给出适当的控制作用。适当的微分控制作用能使超调量减小，调节时间缩短，增加系统稳定性。其缺点是对干扰噪声敏感，使系统抑制干扰的能力下降。对于有较大滞后或惯性的被控对象，如果 PI 控制的效果不理想，可以考虑在控制器中增加微分作用，改善系统的动态性能。

微分时间 T_D 表示了微分作用的强弱，T_D 越大，微分作用越强。但是 T_D 过大可能会引起频率较高的振荡，或使被控量接近稳态值时变化缓慢。

（4）采样时间

PID 控制程序是周期性执行的，执行的周期称为采样周期 T_S。采样周期越小，采样值越能反映模拟量的变化情况。但是 T_S 太小会增加 CPU 的运算工作量，相邻两次采样的差值几乎没有什么变化，将使 PID 控制器输出的微分部分接近零，所以也不宜将 T_S 取得过小。确定采样周期时，应保证在被控量迅速变化的区段（例如启动过程中的上升阶段），能有足够多的采样点数，以保证不会因为采样点过稀而丢失被采集的模拟量中的重要信息。

表 8-1　　　　　　　　　　　　**采样周期的经验数据**

被控制量	流量	压力	温度	液位	成分
采样周期/s	1~5	3~10	15~20	6~8	15~20

表 8-1 给出了过程控制中采样周期的经验数据，表中的数据仅供参考。以温度控制为例，一个很小的恒温箱与一个几十立方米的加热炉的热惯性有很大的差异，它们的采

样周期显然也应该有很大的差别。实际的采样周期需要经过现场调试后确定。

8.4.2 PID 参数的整定方法

PID 控制器参数整定方法有很多，概括起来有两大类：一是理论计算整定法，它主要依据系统的数学模型，经过理论计算确定控制器参数。这种方法所得到的计算数据未必可以直接使用，还必须通过工程实际进行调整和修改。二是工程整定方法，它主要依赖工程经验，直接在控制系统的试验中进行，方法简单、易于掌握，在实际工程中被广泛采用。PID 控制器参数的工程整定方法主要有临界比例法、响应曲线法、衰减法。三种方法各有特点，其共同点是通过试验，然后按照工程经验公式对控制器参数进行整定。但无论采用哪一种方法所得到的控制器参数，都需要在实际运行中进行最后调整与完善。现在一般采用的是临界比例法，这种方法的特点是不需要单独做对象的动态特性实验，而直接在闭合的控制系统中进行整定。

（1）临界比例法

利用临界比例法进行 PID 控制器参数的整定步骤如下：

①首先预选择一个足够短的采样周期让系统工作；

②仅加入比例环节，直到系统对输入的阶跃响应出现临界振荡，记下这时的比例度 δ 和临界振荡周期 T；

③在一定的控制度下通过经验公式计算得到 PID 控制器的参数，经验公式见表 8-2。

一般通过整定得出的参数在实际应用时还需要根据实际控制效果作调整，反复修改以达到良好的控制效果。

表 8-2   临界比例法经验公式

	比例度 $\delta/\%$	积分时间 T_I	微分时间 T_D
P	2δ	∞	0
PI	2.2δ	$0.85T$	0
PID	1.7δ	$0.5T$	$0.125T$

（2）实验试凑法

除了上述比较常见的几种工程整定方法之外，更为常用的是实验试凑法。实验试凑法的整定步骤为"先比例，再积分，最后微分"。

①整定比例作用。将比例控制作用由小变大，观察各次响应，直至得到响应快、超调小的响应曲线。

②整定积分作用。若在比例控制下稳态误差不能满足要求，需要加入积分作用。

先将步骤①中选择的比例系数减小为原来的 50%~80%，再将积分时间置一个较大值，观测响应曲线，然后减小积分时间，增大积分作用，并相应调整比例系数，反复试凑至得到较满意的响应，确定比例和积分的参数。

③整定微分作用。若经过步骤②，PI 控制只能消除稳态误差，而动态过程不能令人满意则应加入微分作用，构成 PID 控制。

先置微分时间 $T_D=0$，逐渐加大 T_D，同时相应地改变比例系数和积分时间，反复试凑至得到满意的控制效果和 PID 控制参数。

8.5　练习

①AI 的含义为＿＿＿＿＿＿＿＿＿＿；AO 的含义为＿＿＿＿＿＿＿＿＿＿。

②对于模块 AI 2×12bit，"2" 代表＿＿＿＿＿＿＿＿＿，"12bit" 代表此模块的分辨率为＿＿＿＿＿＿＿＿＿，如果是 "16bit" 代表的分辨率为＿＿＿＿＿＿＿＿。

③常用的模拟量信号有 4～20mA 的电流信号及 0～10V 的电压信号等，这些电流或电压可以通过信号的大小传递被测物理量的信息。如图 8-8 所示，若储油罐的液位量程

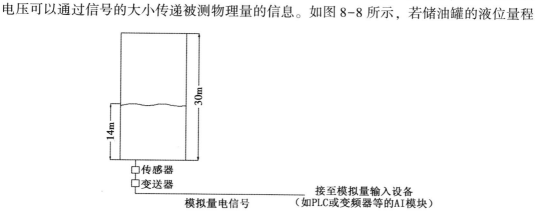

图 8-8　储油罐液位测量与传送系统

为 0～30m，则当实际的液位为 14m 时，若采用 4～20mA 的电流信号传输液位信息，则电流值为＿＿＿＿＿＿；若采用 0～10V 的电压信号，则电压值为＿＿＿＿＿＿。

④如图 8-9 所示，若将此模拟量信号接至 PLC 的 AI 模块，则 PLC 便可以间接地掌握储液罐的液位信息。

AI 模块进行的是 AD 转换，那么对于西门子 S7-300/400 PLC 来讲，不论模拟量为 4～20mA 的电流信号，还是 0～10V 的电压信号，经过 AD 转换后的数值范围都是 0～27648；不同分辨率的 AI 模块经过 AD 转换后的数值是否一样？＿＿＿＿＿＿（是/否）若使用的是其他品牌的 PLC 的 AI 模块，经过 AD 转换后的数值范围与西门子的是否一样？＿＿＿＿＿＿（是/否）。

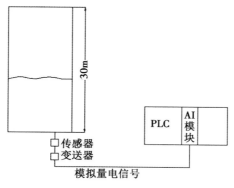

图 8-9　储油罐液位测量与传送系统（接至 PLC）

⑤如图 8-10 所示，再将储油罐入口端的自动阀（电动调节阀，开度 0~100%）接到 AO 模块。类似 AI 模块，如果模拟量为 4~20mA 的电流信号，则若需要入口阀开度为 55%，那么应使模拟量输出通道上的电流为_____，若要产生此大小的电流，需要在程序中对其模拟量通道输出的数值为_____；如果模拟量为 0~10V 的电压信号，则若需要入口阀开度为 60%，那么应使 AO 模块输出的电压为_____，若要产生此大小的电压，需要在程序中对其模拟量通道输出的数值为_____。

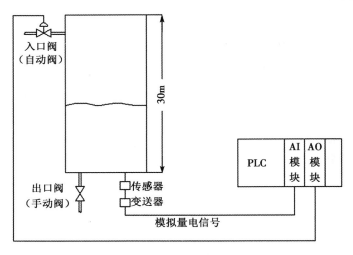

图 8-10 储油罐液位测量与控制系统

⑥对于西门子 S7-300/400 PLC 若液位为 14m，则经过 AD 转换后的数值为_____，那么这个数值是否可以从 PLC 的 AI 模块对应的地址中读到呢？_____（是/否）；若组态信息如图 8-11 所示，则其中 4 槽的 AI 模块的两个通道的模拟量输入的地址分别为_____和_____；其中 5 槽的 AO 模块的两个通道的模拟量输出的地址分别为_____和_____。这些地址里的数据的类型是_____（整数/长整数/浮点数）。

插槽	模块	...	订货号	固件	MPI 地址	I 地址	Q 地址
1	PS 307 5A		6ES7 307-1EA00-0AA0				
2	CPU315-2 DP(1)		6ES7 315-2AH14-0AB0	V3.0	2		
X2	DP					2047*	
3							
4	AI2x12Bit		6ES7 331-7KB02-0AB0			256...259	
5	AO2x12Bit		6ES7 332-5HB00-0AB0				272...275

图 8-11 某 S7-300 PLC 的组态信息

第 9 章　S7-300/400 PLC 网络通讯

9.1　网络通讯基础知识

随着社会的不断发展，通讯已渗入我们生活的各个方面，成为了日常生活必不可少的元素之一。同样，在控制行业中，通讯也逐渐占据了十分重要的地位。不同设备间需要交换数据来实现各自的功能，不同生产商的不同设备的互相配合更离不开通讯。控制中所要求的分散控制、集中管理的实现，也离不开通讯。因此，通讯是控制发展到一定阶段不可或缺的产物。

9.1.1　单工通讯、半双工通讯及全双工通讯

如果通讯仅在点与点之间进行，按照信息传送的方向与时间关系，通讯方式可分为单工通讯、半双工通讯及全双工通讯三种。单工通讯是信息只能单方向进行传输的一种通讯方式，如图 9-1 所示。单工通讯的例子有很多，如广播、遥控、无线寻呼等。这里，信号只从广播发射台、遥控器和无线寻呼中心分别传到收音机和遥控对象上。

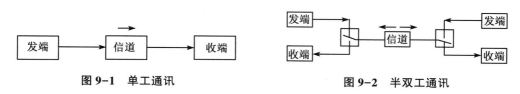

图 9-1　单工通讯　　　　　　　　图 9-2　半双工通讯

半双工通讯方式是指通讯双方都能收发信息，但不能同时进行收和发的工作方式，例如对讲机就是半双工通讯方式，如图 9-2 所示。

图 9-3　全双工通讯

全双工通讯是指通讯双方可同时进行双向传输的工作方式，如图 9-3 所示。例如普通电话、计算机通讯网络等采用的就是全双工通讯方式。

9.1.2　串行传输和并行传输

在数字通讯之间按照数字码元序列以时间顺序一个接一个地在信道中传输，如图 9-4 所示。通常，一般的远距离数字通讯都采用这种传输方式。

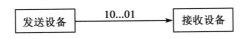

图9-4 串行传输通讯

并行传输是将代表信息的数字信号码元序列分割成两路或以上的数字信号序列同时在信道上传输，如图9-5所示。并行传输的优点是速度快、节省传输时间，但占用频带宽，设备复杂，成本高，故较少采用，一般适用于计算机和其他高速数字系统，特别适用于设备之间的近距离通讯。

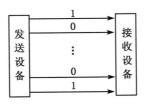

图9-5 并行传输通讯

9.1.3 异步传输和同步传输

异步传输和同步传输是目前常用的发送设备和接收设备间的同步技术。

异步通讯传输也称起止式传输，是利用起止法来达到收发同步的，每次只传输或接收一个字符，用起始位和停止位来指示被传输字符的开始和结束。这种传输方式对每个字符附加上了起止信号，因而传输效率低。目前主要用于中速以下的通讯线路中。

同步传输用连续比特传输一组字符，可以克服传输效率低的缺点。在同步传输方式中，数据的传输由定时信号控制。在接收端，通常用通讯设备从接收信号中提取出定时信号。

9.1.4 串行通讯接口

（1）RS-232C接口

RS-232C是目前最常用的串行通讯接口，是美国电气工业协会（electronic industries association，EIA）于1969年3月发布的标准。RS-232的逻辑0电平规定为5~15V,逻辑1电平规定为-15~-5V，单端发送、单端接收，所以数据传送速率低，抗干扰能力差，标准速率是0~20Kb/s，最大通讯距离是15m。在通讯距离近、传送速率和环境要求不高的场合应用较广泛。

（2）RS-422A接口

RS-422A标准是全双工工作方式，它是基于改善RS-232C标准的电气特性，又考虑RS-232C兼顾而制定的。RS-422A传输速率最大值为10Mb/s，在此速率下电缆允许长度是120m。

（3）RS-485接口

RS-485是最常用的传输技术之一。它使用屏蔽双绞线电缆，采用二线差分平衡传输，传输速率可达到12Mb/s。具有较强的抑制共模干扰能力。RS-485为半双工工作方式，在一个 RS-485 网络中，可以有 32 个模块，这些模块可以是被动发送器、接收器和收发器。这种接口适合远距离传输，是工业设备的通讯中应用最多的一种接口。S7-200 CPU 上的通讯接口是符合国际标准 IEC61158-3 和欧洲标准 EN 50170 中 PROFI-BUS 标准的 RS-485 兼容 9 针 D 型连接器。

　　RS-422 与 RS-485 的区别在于 RS-485 采用的是半双工传送方式，RS-422 采用的是全双工传送方式；RS-422 用两对差分信号线，RS-485 只用一对差分信号线。

9.1.5　传输速率

　　码元传输速率，简称传码率，它是指系统每秒传送码元的数目，单位是波特（Band），常用符号 B 表示。

　　信号传输速率，简称传信率，它是指系统每秒传送的信息量，单位是比特/秒，常用符号"bit/s"表示。

　　传码率和传信率既有联系又有区别。每个码元含有信息量乘以码元速率得到的就是信息传信率。在对于以二进制传输的码元的信息量是 1bit，所以这种情况下，码元速率和信息传输速率是相等的。

9.1.6　OSI 参考模型

　　OSI 参考模型（open system interconnection reference model）描述一个通用信息系统中各个站之间的通讯。它是国际标准化组织（ISO）在 1983 年制定的。此模型定义七层结构，如图 9-6 所示，包括物理层、数据链路层、网络层、运输层、会话层、表示层和应用层。对于具体的通讯系统如果不需要某些特定的功能，则不使用相应的层。例如现场总线标准的结构分层采用了 OSI 模型的第一、二和七层，并且在现场总线标准中，把第二层和第七层合并，称为通讯栈。

图 9-6　OSI 参考模型

9.2　SIMATIC 通讯基础

9.2.1　SIMATIC NET

　　可编程模块之间的数据交换称为通讯，它是 SIMATIC S7 系统集成的一个部件。

西门子 SIMATIC 通讯称为 SIMATIC NET。它规定了 PC 与 PLC 之间、PLC 与 PLC 之间、PLC 与 OP 之间、PLC 与 PG 之间、PLC 与现场设备之间信息交换的接口连接关系，为了满足控制系统的不同需要，它有多种通讯方式可选。

为了满足在单元层（时间要求不严格）和现场层（时间要求严格）的不同要求，SIEMENS 提供了下列网络。

（1）PtP

点到点连接（point-to-point connection）最初用于对时间要求不严格的数据交换，可以连接两个站或连接下列设备到 PLC，如 OP、打印机、条码扫描器、磁卡阅读机等。

（2）MPI

MPI 网络可用于单元层，它是 SIMATIC S7、M7 和 C7 的多点接口。MPI 从根本上是一个 PG 接口，它被设计用来连接 PG（为了启动和测试）和 OP（人–机接口）。MPI 网络只能用于连接少量的 CPU。

（3）PROFIBUS

工业现场总线（PROFIBUS）是用于单元层和现场层的通讯系统。有两个版本：对时间要求不严格的 PROFIBUS，用于连接单元层上对等的智能结点；对时间要求严格的 PROFIBUS-DP，用于智能主机和现场设备间的循环的数据交换。

（4）Industrial Ethernet

工业以太网（industrial ethernet）是一个用于工厂管理和单元层的通讯系统。工业以太网被设计为对时间要求不严格用于传输大量数据的通讯系统，可以通过网关设备来连接远程网络。

（5）AS-I

执行器–传感器–接口（actuator-sensor-interface）是位于自动控制系统最底层的网络，可以将二进制传感器和执行器连接到网络上。

SIMATIC NET 可以分为两类网络类型。

①网络类型 1：符合国际标准通讯网络类型。见表 9–1。这类网络性能优异、功能强大、互联性好。但应用复杂、软硬件投资成本高。

②网络类型 2：西门子专有通讯网络类型。见表 9–2。这类网络开发应用方便软硬件投资成本低。但与国际标准通讯网络类型比较性能低于以上标准，互联性差于以上标准。

表 9–1　　　　　　　　　　　　　　　　　网络类型 1

类型	特性	通讯标准
工业以太网	大量数据、高速传输	IEEE802.3 10MB/S 国际标准 IEEE802.3U 100MB/S 国际标准
PROFIBUS	中量数据、高速传输	IEC61158 TYPE3 国际标准 EN50170 欧洲标准 JB/T 10308.3 中国标准

续表 9-1

类型	特性	通讯标准
AS-1	用于传感器和执行器级	IEC TG 17B 国际标准 EN50295 欧洲标准
EIB	用于楼宇自动化	ANSI EIA 776 国际标准 EN50090 欧洲标准

表 9-2　　　　　　　　　　　　　　网络类型 2

类型	特性
MPI	适合用于多个 CPU 之间少量数据、高速传输、成本要求低；产品集成、成本低、使用简单；较多用于编程、监控等
PPI	专为 S7-200 系列 PLC 设计的双绞线点对点通讯协议
自由通讯方式	适合用于特殊协议、串行传输；控制系统用此通讯方式可与通讯协议公开的任何设备进行通讯

9.2.2　SIMATIC 通讯基本概念

为了更好地理解 SIMATIC 通讯，首先应该理解通讯相关的基本概念。这些概念包括子网（subnet）、行规（utility）、协议（protocols）、服务（service）。图 9-7 是 SIMATIC 通讯的概念图。

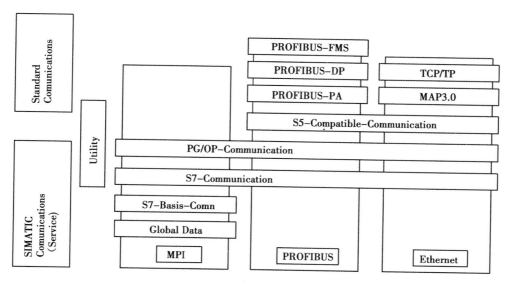

图 9-7　SIMATIC 通讯概念图

（1）子网

由具有相同的物理特性和传输参数（如传输速率）的多个硬件站点相互连接组成的网络，且这些硬件站点使用相同的通讯行规进行数据交换，那么这个网络称为子网（subnet），包括 MPI、PROFIBUS、Ethernet、AS-I、PtP。

网络（Network）是以通讯为目的在若干设备之间的连接，它由一个或多个子网组成，子网可以是同一类型也可不是同一类型。站点（station）也称节点，它们包括：PG/PC、SIMATIC S7-300/400、SIMATIC H Station、SIMATIC PC Station、SIMATIC OP 等。

各个网在工业系统层次上的分布如图 9-8 所示。SIMATIC 通讯可以实现各层中的横向通讯及贯穿各层的纵向通讯。这种分层和协调一致的工业通讯系统，为所有生产过程领域的透明网络提供了理想的前提条件。

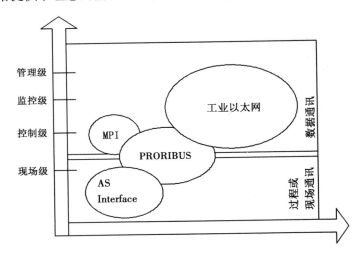

图 9-8　SIMATIC 子网在工业系统层次上的分布图

①在传感器-执行机构级。二进制的传感器和执行机构的信号通过传感器-执行机构总线来传输。它提供了一种简单和廉价的技术，通过共用介质传输数据和供电电流。AS-I 为这种应用领域提供了合适的总系统。

②在现场级。分散的外围设备，如 I/O 模块、变送器、驱动装置、分析设备、阀门或操作员终端等，它们通过功能强大的实时的通讯系统与自动化系统通讯。过程数据的传输是循环的，而当需要时，非循环地传输附加中断、组态数据和诊断数据。PROFIBUS 满足这些要求，并为工厂自动化和过程自动化提供通用的解决方案。

③在控制级。可编程的控制器（如 PLC 和 IPC）彼此之间的通讯，以及它们与使用 Ethernet、TCP/IP、Internet 和 Internet 标准的办公领域 IT 系统之间的通讯，这些通讯的信息流需要大的数据包和许多强有力的通讯功能。

除了 PROFIBUS 之外，基于 Ethernet 的 PROFINET 为实现此目的提供了一种方向性的创新的解决方案。

（2）通讯行规

通讯行规（communication utility）用于说明通讯站点之间实现数据交换的方法和交

换数据的处理方式，其基础是通讯协议。通讯行规也可以看作在某个网络连接上建立数据通讯需要遵循的要求。SIMATIC 通讯行规主要包括：PG 与 OP 通讯、PtP 通讯、S7 基本通讯、S7 通讯和全局数据（global data）通讯。

①PG 通讯：用于工程师站与 SIMATIC 站点之间的数据交换通讯行规。

②OP 通讯：用于 HMI 站与 SIMATIC 站点之间的数据。

③PtP：通过串行口通讯伙伴之间进行数据交换的通讯行规。

④S7 基本通讯：用于 CPU 与 CP 模块（站点内部或外部）之间的小量数据交换，是一种事件控制行规。

⑤S7 通讯：用于具有控制和监视功能 CPU 之间的大量数据交换，是一种事件控制行规。

⑥全局数据通讯：通过 MPI 或 K 总线几个 CPU 之间的小量数据交换控制行规。

子网、通讯模块与通讯行规间的关系见表 9-3。

表 9-3　　　　　　　　　　子网、通讯模块与通讯行规间的关系

子网络	模　块	通讯服务和连接	组态和接口
MPI	所有 CPU	全局数据通讯	GD 表
		工作站内 S7 基本通讯	SFC 调用
		S7 通讯	连接表、FB/SFB 调用
PROFIBUS	带 DP 接口的 CPU	PROFIBUS-DP（DP 主站或 DP 从站）	硬件组态、SFB/SFC 调用、输入/输出
		工作站内 S7 基本通讯	SFC 调用
	IM467	PROFIBUS-DP（DP 主站）	硬件组态、SFB/SFC 调用、输入/输出
		工作站内 S7 基本通讯	SFC 调用
	CP342-5 扩展 CP443-5	CP342-5：PROFIBUS-DP V0 CP443-5 Ext：PROFIBUS-DP V1（DP 主站或 DP 从站）	硬件组态、SFB/SFC 调用、输入/输出
		工作站内 S7 基本通讯	SFC 调用
		S7 通讯	连接表、FB/SFB 调用
		S5 兼容通讯	NCM、连接表、SEND/RE-CEIVE
	CP343-5 基本 CP443-5	PROFIBUS-FMS	NCM、连接表、FMS 接口
		工作站内 S7 基本通讯	SFC 调用
		S7 通讯	连接表、FB/SFB 调用
		S5 兼容通讯	NCM、连接表、SEND/RE-CEIVE

续表 9-3

子网络	模 块	通讯服务和连接	组态和接口
工业 以太网	带有 PN 接口的 CPU	PROFINET IO（IO 控制器）	硬件组态、SFB/SFC 调用、输入/输出
	瘦型 CP343-1 CP343-1 CP443-1	S7 通讯	连接表、FB/SFB 调用
		S5 兼容通讯传输协议 TCP/IP 和 UDP、CP44-1 也用 ISO	NCM、连接表、SEND/RE-CEIVE
	CP343-1 IT 高级 CP443-1 CP443-1 IT	S7 通讯	连接表、FB/SFB 调用
		S5 兼容通讯传输协议 TCP/IP 和 UDP、CP44-1 也用 ISO	NCM、连接表、SEND/RE-CEIVE
		IT 通讯（HTTP、ETP、E-mail）	NCM、连接表、SEND/RE-CEIVE
	CP343-1 PN	S7 通讯	连接表、FB/SFB 调用
		S5 兼容通讯传输协议 TCP 和 UDP	NCM、连接表、SEND/RE-CEIVE
PtP	CP340	ASCII 协议，3964（R）	自己的组态工具
	CP441-1	打印机驱动器	可装载的块，对于 CP441；SFB
	CP341	ASCII 协议，3964（R）、RK512	自己的组态工具
	CP441-2	特殊驱动器	可装载的块，对于 CP441；SFB
	CPU313C-2 PtP	ASCII 协议，3964（R）、RK512	CPU 组态、SFB 调用

（3）标准通讯

标准通讯（standard communications）即符合国际标准的通讯方式。从用户的角度来看，PROFIBUS 提供了三种不同的通讯协议：DP、FMS（fieldbus message specification，现场总线报文规范）和 PA（process automation）。

（4）连接

连接（connection）用于描述两个设备之间的通讯关系。根据通讯行规，连接类型分为动态连接（不组态，事件建立和清除连接）和静态连接（通过连接表组态连接）；SIMATIC 通讯的连接类型包括：S7 连接、PtP 连接、TCP 连接、UDP 连接等。

9.3 MPI 网络通讯

9.3.1 基本概述

MPI（multi point interference）是多点接口的简称。MPI 通讯是当通讯要求速率不高时，可以采用的一种简单经济的通讯方式。MPI 物理接口符合 PROFIBUS RS-485（EN 50170）接口标准。MPI 网络的通讯速率为 19.2Kb-12Mb/s，S7-300 通常默认设置为 187.5Kb/s，只有能够设置为 PROFIBUS 接口的 MPI 网络才支持 12Mb/s 的通讯速率。

PLC 通过 MPI 能同时连接编程器/计算机（PG/PC）、人机界面（HMI）、SIMATIC S7、M7 和 C7。每个 CPU 可以使用的 MPI 连接总线与 CPU 的型号有关，为 6~64 个。例如，CPU312 位为 6 个，CPU417 位为 64 个。

接入 MPI 网络的设备称为一个节点，不分段的 MPI 网络最多可以连接 32 个节点，两个相邻节点间的最大通讯距离为 50m，但是可以通过中继器来扩展长度，实现更大范围的设备互联。两个中继器之间没有站点，最大通讯距离可扩展到 1000m；最多可增加 10 个中继器，因此通过加中继器最大通讯距离可以扩展到 9100m（1000m×9+50m×2 = 9100m）。

如果在两个中继器之间有 MPI 节点，则每个中继器只能扩展 50m。

MPI 网络使用 PROFIBUS 总线连接器和 PROFIBUS 总线电缆。位于网络终端的站，应将其总线连接器上的终端电阻开关扳到 On 位置。网络中间的站总线连接器上的终端电阻开关扳到 Off 位置。

为了实现 PLC 与计算机的通讯，计算机应配置一块 MPI 卡，或使用 PC/MPI、USB/MPI 适配器。应为每个 MPI 节点设置地址（0~126），编程设备、人机界面和 CPU 的默认地址分别为 0/1/2。MPI 网络最多可以连接 125 站。

通过 MPI 可以实现 S7 PLC 之间的三种通讯方式：全局数据包通讯、S7 基本通讯（无组态连接通讯）和 S7 通讯（组态连接通讯）。

①全局数据包通讯方式：对于 PLC 之间的数据交换，只需组态数据的发送区和接收区，无需额外编程，适合于 S7-300/400PLC 之间的相互通讯。

②S7 基本通讯（无组态连接通讯）方式：需要调用系统功能块 SFC65~SFC69 来实现，适合与 S7-200/300/400PLC 之间的相互通讯。无组态连接通讯方式又可分为两种方式：双边编程和单边编程。

③S7 通讯（组态连接通讯）方式：S7-300 的 MPI 接口只能作服务器，S7-400 在与 S7-300 通讯时作客户机，与 S7-400 通讯时既可以作服务器，又可以作客户机，S7 通讯方式只适合于 S7-300/400PLC 之间的相互通讯。

9.3.2　全局数据包通讯

全局数据包通讯（GD 通讯）通过 MPI 接口在 CPU 间循环地交换数据，数据通讯不需要编程，也不需要在 CPU 上建立连接，而是利用全局数据表来进行配置。全局数据表是在配置 PLC 的 MPI 网络时，组态所要通讯的 PLC 站的发送器和接收区。当过程映像被刷新时，在循环扫描检测点上进行数据交换。这种通讯方法可用于所有 S7-300/400 的 CPU。对于 S7-400，数据交换可以用 SFC 来启动。全局数据可以是输入、输出、标志位、定时器、计数器和数据块。最多可以在一个项目中的 15 个 CPU 之间建立全局数据通讯。它只能用来循环地交换少量数据，全局数据包最大长度为 22b。

对于全局数据包通讯来说，如果需要对数据的发送和接收进行控制，如在某一事件或某一时刻，接收和发送所需要的数据，则需要采用事件驱动的全局数据包通讯方式。这种通讯方式是通过调用 CPU 的系统功能 SFC60（GD_SND）和 SFC61（GD_RCV）来完成的，这种方式仅适合于 S7-400PLC，并且相应设置 CPU 的 SR（扫描频率）为 0。

9.3.3　S7 基本通讯

S7 基本通讯方式又称为无组态连接通讯方式，通过 MPI 子网或站中的 K 总线来传送数据。这种通讯方式不需要建立全局数据包，也不需要在 CPU 上建立连接，仅需要在程序中调用系统功能 SFC 即可。传输的最大用户数据量为 76 个字节。这种通讯方式适合于 S7-300 之间、S7-300/400 间、S7-300/400 和 S7-200 间的数据通讯。

S7 基本通讯方式又分为两种：双边通讯方式和单边通讯方式。

（1）单边通讯方式

单边通讯只在一方编程通讯程序，即客户机与服务器的访问模式，编写程序一方的 CPU 作为客户机，没有编写程序一方的 CPU 作为服务器，客户机调用 SFC 通讯块对服务器的数据进行读写操作，这种通讯方式适合 S7-300/400/200 之间通讯，S7-300/400 的 CPU 可以同时作为客户机和服务器，S7-200 只能作服务器。在客户方，调用 SFC67（X_GET）和 SFC68（X_PUT）。

（2）双边通讯方式

双边通讯方式是在收发双方都需要调用系统通讯功能 SFC，一方调用发送块发送数据，另一方调用接收块来接收数据。在发送端调用 SFC65（X_SEND），建立与接收端的动态连接并发送数据；在接收端调用 SFC66（X_RCV）。

9.3.4　S7 通讯

S7 通讯方式又称为组态连接通讯方式，仅用于 S7-300/400 间和 S7-400/400 间的通讯。S7-300/400 通讯时，S7-300 只作为服务器，S7-400 作为客户机对 S7-300 的数据进行读写操作；S7-400/400 通讯时，S7-400 既可以作为服务器也可以作为客户机。除了要调用系统功能块 SFB 外，还要在 CPU 的网络硬件组态中建立通讯双方的连接，连接参数供调用 SFB 时使用。这种通讯方式也适用于通过 PROFIBUS 和工业以太网的数据通讯。

S7 通讯方式分为两种：单边通讯方式和双边通讯方式。

（1）单边通讯方式

在单边通讯中，S7-400 作客户机，S7-300 作服务器，客户机调用单向通讯块 SFB14（GET）和 SFB15（PUT），通过集成的 MPI 接口和 S7 通讯，读、写服务器的存储区。服务器是通讯中的被动方，不需要编写通讯程序。S7-400 和 S7-300 之间只能建立单向的 S7 连接。

（2）双边通讯方式

①使用 USEND/URCV 的双边通讯。只有在 S7-400 之间才能通过集成的 MPI 接口进行 S7 双向通讯。S7 双向通讯调用 SFB8（USEND）和 SFB9（URCV）可以进行无须确认的快速数据交换通讯，即发送数据后无须按收方返回信息，例如可以用于事件消息

和报警消息的传送。

②使用 BSEND/BRCV 的双向通讯。S7 双向通讯使用 SFB12（BSEND）和 SFB13（BRCV）可以进行需要确认的数据交换通讯，即发送数据后需要接收方返回确认信息。BSEND/BRCV 不能用于 S7-300 集成的 MPI 接口的 S7 通讯。

9.4　PROFIBUS 网络通讯

9.4.1　PROFIBUS 协议

现场总线的最主要特征是采用数字通讯方式取代设备级的 4～20mA（模拟量）/DC24V（数字量）信号。PROFIBUS 是 process field bus（过程现场总线）的缩写。PROFIBUS 是目前世界上通用的现场总线标准之一，它以独特的技术特点、严格的认证规范、开放的标准而得到众多厂商的支持和不断发展。PROFIBUS 广泛应用在制造业、楼宇、过程控制和电站自动化，尤其是 PLC 的网络控制，是一种开放式、数字化、多点通讯的底层控制网络。

按照传统的说法，PROFIBUS 家族成员包括如下。

①PROFIBUS-DP（decentralized periphery）：主站和从站之间采用轮询的通讯方式，可实现基于分布式 I/O 的高速数据交换，主要应用于制造业自动化系统中现场级通讯。

②PROFIBUS-PA（process automation）：通过总线并行传输电源和通讯数据，主要应用于高安全要求的防爆场合。

③PROFIBUS-FMS（fieldbus message specification）：定义了主站和从站间的通讯模型，主要应用于自动化系统中车间级的数据交换。

由于 FMS 使用较复杂，成本较高，市场占有率低，以及 DP 可以稳定使用的通讯速率越来越高，使用 PROFIBUS-DP 已经能完全取代 FMS。DP 具有设置简单、价格低廉、功能强大等特点。所以在这里将重点介绍 DP。

PROFIBUS 总线访问控制能够满足两个基本要求。

①同级别的 PLC 或 PC 之间的通讯要求每个总线站（节点）能够在规定的时间内获得充分的机会来完成它的通讯任务。

②复杂的 PLC 或 PC 与简单的分布式处理 I/O 外设之间的数据通讯一定要快速并应尽可能地降低协议开销。

PROFIBUS 通过使用混合的总线控制机制来达到要求，包括主站之间的令牌（token）传递方式和主站与从站之间的主-从方式，即令牌总线行规和主-从行规。PROFIBUS 总线访问行规并不依赖于所使用的传输介质，它遵循欧洲标准 EN50 170、Volunme2 所制定的令牌总线行规和主-从行规。

典型的 PROFIBUS-DP 标准总线结构即使基于这种总线访问行规，即 DP 主与 DP 从站之间的通讯基于主-从原理，DP 主站按轮询表依次访问 DP 从站，主站与从站间周期性地交换用户数据。DP 主站与 DP 从站之间的一个报文循环由 DP 主站发出的请求帧（轮询报文）和由 DP 从站返回的应答或响应帧组成。

由于应用需求的不断增长，PROFIBUS-DP 经过功能扩展，共有 3 个版本，DP 的各种版本在 IEC 61158 中都有详细的说明。

①DP-V0：提供基本功能，包括循环地数据交换，以及站诊断、模块诊断和特定通道的诊断。

②DP-V1：包含依据过程自动化的需求而增加的功能，特别是用于参数赋予、操作、智能现场设备的可视化和报警处理等（类似于循环地用户数据通讯）的非循环地数据通讯。这样就允许用工程工件在线访问站。此外，DP-V1 有三种附加的报警类型：状态报警、刷新报警和制造商专用的报警。

③DP-V2：包括主要根据驱动技术的需求而增加的其他功能。由于增加的功能，如同步入从站模式（isochronous slave mode）和从站对从站通讯（data exchange broadcast，DXB）等，DP-V2 也可以用于驱动总线，控制驱动轴的快速运动时序。

9.4.2　PROFIBUS 设备分类

每个 DP 系统均由不同类型的设备组成，这些设备分为三类。

（1）1 类 DP 主站（DPM1）

这类 DP 主站循环地与 DP 从站交换数据。典型的设备有：可编程序控制器（PLC）、计算机（PC）等。DPM1 有主动的总线存取权，它可以在固定的时间读取现场识别的测量数据（输入）和写执行机构的设定值（输出）。这种连续不断的重复循环是自动化功能的基础。

（2）2 类 DP 主站（DPM2）

这类设备是工程设计、组态或操作设备，如上位机。这些设备在 DP 系统初始化时用来生成系统配置。它们在系统投运期间执行，主要用于系统维护和诊断，组态所连接的设备、评估测量值和参数，以及请求设备状态等。DPM2 不必永久地连接在总线系统中。DPM2 也有主动的总线存取权。

（3）从站

从站是外围设备，如分布式 I/O 设备、驱动器、HMI、阀门、变送器、分析装置等。它们读取过程信息和/或用执行主站的输出命令，也有一些设备只处理输入或输出信息。从通讯的角度看，从站是被动设备，它们仅仅直接响应请求。

DP 系统使用如下不同的 DP 从站。

（1）智能从站（I-从站）

在 PROFIBUS-DP 网络中，包含 CPU 315-2、CPU 316-2、CPU 317-2、CPU 318-2、CPU 319-3 类型的 CPU 或包含 CP342-5 通讯处理器的 S7-300PLC 就可以作为 DP 从站，称为"智能 DP 从站"。智能从站与主站进行数据通讯使用的是映像的输入/输出区。

（2）标准从站

标准从站不具有 CPU，包括各种分布式 I/O 模块，可分为紧凑型 DP 从站和模块化 DP 从站。

根据主站的数量，DP 系统可以分为单主站系统和多主站系统。

（1）单主站系统

系统运行时，总线上只有一个主站在活动。单主站系统配置可达到最短的总线循环时间。

（2）多主站系统

总线上可连接若干个主站。这些主站或者是由一个 DPM1 与它从站构成的相对独立的子系统，或者是附加的组态和诊断设备。所有 DP 主站均可以读取从站的输入和输出映像，但只有在组态时指定为 DPM1 的主站能向它所属的从站写输出数据。

9.4.3　DP 主站系统中的地址

（1）站点地址

PROFIBUS 子网中的每个站点都有唯一的地址。这个地址是用于区分子网中的每个不同的站点。

（2）物理地址

DP 从站的地理地址是集中式模块的槽地址。它包含组态过程中指定的 DP 主站系统 ID 及机架编号相对应的 PROFIBUS 的站点地址。对于模块化 DP 从站，地址中还包含槽号。如果涉及的模块中还包含子模块，那么地址还包含子模块槽。

（3）逻辑地址

使用逻辑地址可以访问紧凑型 DP 从站的用户数据。最小的逻辑地址是 CPU 的模块起始地址。DP 从站的用户数据字节存放在 CPU 的 P 总线上的 DP 主站的传输区域中。对于任何集中式模块，它们的用户数据字节可以进行装载并传送到 CPU 的存储区域中。如果一致性数据为 3 个字节或多于 4 个字节，必须使用 SFC 系统功能。

（4）诊断地址

对于那些没有用户数据但却是具有诊断数据的模块（如 DP 主站或冗余电源），可以使用诊断地址来寻址。诊断地址占局外围输入的地址区中的一个字节。

9.4.4　PROFIBUS 网络连接设备

PROFIBUS 网络连接组网所需要的硬件包括：PROFIBUS 电缆和 PROFIBUS 网络连接器。通过 PROFIBUS 电缆连接网络插头，构成总线型网络结构。

网络连接器主要分为两种类型：带编程口和不带编程口。不带编程口的插头用于一般联网，带编程口的插头可以在联网的同时仍然提供一个编程连接端口，用于编程或连接 HMI 等。

"终端电阻"开关设置。网络终端的插头，其终端电阻开关必须放在"ON"的位置；中间站点的插头其终端电阻开关应放在"OFF"位置（中间关，两头开）。合上网络中网络插头的终端电阻开关，可以非常方便地切断插头后面的部分网络的信号传输。

根据传输线理论，终端电阻可以吸收网络上的反射波，有效地增强信号强度。两个终端电阻并联后的值应当基本等于传输线在通讯频率上的特性阻抗。终端电阻的作用是用来防止信号反射的，并不用来抗干扰。如果在通讯距离很近、波特率较低或点对点通讯的情况下，可不用终端电阻。

9.4.5　PROFIBUS 通讯处理器

PROFIBUS 通讯除了使用 CPU 集成的 DP 接口，还可以使用通讯处理器进行通讯。

通讯处理器（CP）用于将 SIMATIC PLC 连接到 PROFIBUS 网络，可以用于恶劣的工业环境和较宽的温度范围。通讯处理器允许标准 S7 通讯、S5 通讯及 PG/OP 通讯。它们减轻了主 CPU 的通讯任务，提高了通讯的效率和可靠性。

通讯处理器可以扩展 PLC 的过程 I/O，实现 SYNC/FREEZE（同步/冻结）和恒定总线周期功能。通讯处理和集成在 Step7 的 NCM S7 有很强的诊断功能。通过 S7 路由功能，可以实现不同网络之间的通讯。不需要编程器就可以更换 CP 模块。

9.5 工业以太网通讯

9.5.1 工业以太网概述

在网络技术广泛应用的今天，基于 TCP/IP 的 Internent 基本上变成了计算机网络的代名词，而以太网又是应用最为广泛的局域网，TCP/IP 和以太网相结合成为当前最为流行的网络解决方案。所谓工业以太网，就是基于以太网技术和 TCP/IP 技术开发出来的一种工业通讯网络。

9.5.2 工业以太网的特点及优势

工业以太网是应用于工业控制领域的以太网技术，在技术上与商用以太网（即 IEEE802.3 标准）兼容，但是实际产品和应用却又完全不同。普通商用以太网的产品设计时，在材质的选用、产品的强度、适用性及实时性、可互操作性、可靠性、抗干扰性、本质安全性等方面不能满足工业现场的需要。故在工业现场控制应用的是与商用以太网不同的工业以太网。与 MPI、PROFIBUS 通讯方式相比，工业以太网通讯适合对数据传输速率高、交换数据量大的、主要用于计算机与 PLC 连接的子网，它的优势主要体现在以下几方面。

①应用广泛。以太网是应用最广泛的计算机网络技术，几乎所有的编程语言如 Visual C++、JAVA、Visual BASIC 等都支持以太网的应用开发。

②通讯速率高。目前，10Mb/s、100Mb/s 的快速以太网已开始广泛应用，1Gb/s 以太网技术也逐渐成熟，而传统的现场总线最高速率只有 12Mb/s（如西门子 Profibus-DP）。显然，以太网的速率要比传统现场总线要快得多，完全可以满足工业控制网络不断增加的带宽要求。

③资源共享能力强。随着 Internet/Intranet 的发展，以太网已渗透到各个角落，网络上的用户已解除了资源地理位置上的束缚，在联入互联网的任何一台计算机上就能浏览工业控制现场的数据，实现"控管一体化"，这是其他任何一种现场总线都无法比拟的。

④可持续发展潜力大。以太网的引入将为控制系统的后续发展提供可能性，用户在技术升级方面无需独自的研究投入，对于这一点，任何现有的现场总线技术都是无法比拟的。同时，机器人技术、智能技术的发展都要求通讯网络具有更高的带宽和性能，通讯协议有更高的灵活性，这些要求以太网都能很好地满足。

9.5.3　S7-300/S7-400 工业以太网通讯处理器

S7-300/S7-400 工业以太网通讯处理器如下。

（1）CP 343-1/CP 443-1 通讯处理器

CP 343-1/CP 443-1 是分别用于 S7-300 和 S7-400 的全双工以太网通讯处理器，通讯速率为 10Mb/100Mb。CP 343-1 的 15 针 D 型插座用于连接工业以太网，允许 AUI 和双绞线接口之间的自动转换。RJ-45 插座用于工业以太网的快速连接，可以使用电话线通过 ISDN 连接互联网。CP443-1 有 ITP、RJ-45 和 AUI 接口。

CP343-1/CP443-1 在工业以太网上独立处理数据通讯，有自己的处理器。通过它们 S7-300/400 可以与编程器、计算机、人机界面装置和其他 S7 和 S5 PLC 进行通讯。通讯服务包括用 ISO 和 TCP/IP 传输协议建立多种协议格式、PG/OP 通讯、S7 通讯、S5 兼容通讯和对网络上所有的 S7 站进行远程编程。通过 S7 路由，可以在多个网络间进行 PG/OP 通讯，通过 ISO 传输连接的简单而优化的数据通讯接口，最多传输 8Kb 的数据。

可以使用下列接口：ISO 传输，带 RFC 1006 的（例如 CP 1430 TCP）或不带 RFC 1006 的 TCP 传输，UDP 可以作为模块的传输协议。S5 兼容通讯用于 S7、S5、S7-300/400 与计算机之间的通讯。S7 通讯功能用于与 S7-300（只限服务器）、S7-400（服务器和客户机）、HMI 和 PC（用 SOFTNET 或 S7-1613）之间的通讯。

可以用嵌入 Step7 的 NCM S7 工业以太网软件对 CP 进行配置。模块的配置数据存放在 CPU 中，CPU 启动时自动地将配置参数传送到 CP 模块。连接在网络上的 S7 PLC 可以通过网络进行远程配置和编程。

（2）CP 343-1/443-1 IT 通讯处理器

CP343-1/CP443-1 IT 通讯处理器分别用于 S7-300 和 S7-400，除了具 CP 343-1/CP443-1 的特性和功能外，CP 343-1/CP 443-1 IT 可以实现高优先级的生产通讯和 IT 通讯，它有下列 IT 功能。

①Web 服务器：可以下载 HTML 网页，并用标准浏览器访问过程信息（有口令保护）。

②标准的 Web 网页：用于监视 S7-300/400，这些网页可以用 HTML 工具和标准编辑器来生成，并用标准 PC 工具 FTP 传送到模块中。

③E-mail：通过 FC 调用和 IT 通讯路径，在用户程序中用 E-mail 在本地和世界范围内发送事件驱动信息。

（3）CP444 通讯处理器

CP 444 将 S7-400 连接到工业以太网，根据 MAP 3.0（制造自动化协议）标准提供 MMS（制造业信息规范）服务，包括环境管理（启动、停止和紧急退出）、VDM（设备监控）和变量存取服务。可以减轻 CPU 的通讯负担，实现深层的连接。

9.5.4　带 PN 接口的 CPU

带 PN 接口的 CPU 如下。

（1）CPU 315/317-2PN/DP

它集成有一个 MPI/PROFIBUS-DP 接口和一个 PROFINET 接口，可以作 PROFINET I/O 控制器，在 PROFINET 上实现基于组件的自动化（CBA）；可以作 CBA 的 PROFIBUS-DP 智能设备的 PROFINET 代理服务器，SIPLUS CPU 315/SIPLUS 317-2PN/DP 是宽温型（环境温度-25~60℃）。

（2）CPU 319-2PN/DP

它是具有智能技术/运动控制功能的 CPU，是 S7-300 系统性能最高的 CPU。它集成了一个 MPI/PROFIBUS-DP 接口、一个 PROFIBUS-DP 接口和一个 PROFINET 接口，它提供 PROFIBUS 接口的时钟同步，可以连接 256 个 I/O 设备。

（3）CPU 414-PN/CPU 416-3PN

它的 3 个通讯接口与 CPU319-2PN/DP 的相同。PROFINET 接口带两个端口，可以作为换机。可以用 IF964-DP 接口子模块连接到 PROFIBUS-DP 主站系统。SIPLUS CPU 416-3PN 是宽温型，CPU 416-3PN 用于故障安全自动化系统。

9.5.5　PROFINET 概述

PROFINET 由 PROFIBUS 国际组织推出，是新一代基于工业以太网技术的自动化总线标准。作为一项战略性的技术创新，PROFINET 为自动化通信领域提供了一个完整的网络解决方案，囊括了诸如实时以太网、运动控制、分布式自动化、故障安全及网络安全等当前自动化领域的热点话题，并且作为跨供应商的技术，可以完全兼容工业以太网和现有的现场总线（如 PROFIBUS）技术，保护现有投资。

PROFINET 是适用于不同需求的完整解决方案，其功能包括几个主要的模块，分别为：实时通信、分布式现场设备、运动控制、网络安装、IT 标准和信息安全、故障安全和过程自动化。

（1）PROFINET 实时通信

根据响应时间的不同，PROFINET 支持下列三种通信方式。

①TCP/IP 标准通信。PROFINET 基于工业以太网技术，使用 TCP/IP 和 IT 标准。TCP/IP 是 IT 领域关于通信协议方面事实上的标准，尽管其响应时间大概在 100ms 的量级，不过对于大多数工厂控制级的应用来说，这个响应时间足够了。

②实时（RT）通信。对于传感器和执行器设备之间的数据交换，系统对响应时间的要求更为严格，因此 PROFINET 提供了一个优化的、基于以太网第二层（Layer2）的实时通信通道，通过该实时通道，极大地减少了数据在通信栈中的处理时间，PROFINET 实时通信（RT）的典型响应是 5~10ms。

③同步实时（IRT）通信。在现场级通信中，对通信实时性要求最高的是运动控制（motion control），PROFINET 的同步实时（isochronous real-time，IRT）技术可以满足运动控制的高速通信需求，在 100 个节点下，其响应时间要小于 1ms，抖动误差要小于 1μs，以此来保证及时的、确定的响应。

（2）PROFINET 分布式现场设备

通过 PROFINET，分布式现场设备（如现场 IO 设备）可直接连接到工业以太网，组成 PROFINET IO 与 PLC 等设备通信。

PROFINET IO 在 IO 控制器和 IO 设备之间进行生产数据的交换，IO 监视器用于 HMI 和诊断。

（3）PROFINET 运动控制

通过 PROFINET 的同步实时（IRT）功能，可以轻松地实现对伺服运动控制系统的控制。

在 PROFINET 同步实时通信中，每个通信周期被分成两个不同的部分，一个是循环的、确定的部分，称为实时通道；另外一个是标准通道，标准的 TCP/IP 数据通过这个通道传输。

在实时通道中，为实时数据预留了固定循环间隔的时间窗，而实时数据总是按照固定的次序插入，因此，实时数据就在固定的间隔被传送，循环周期中剩余的时间用来传递标准的 TCP/IP 数据。两种不同类型的数据就可以同时在 PROFINET 上传递，而且不会互相干扰。通过独立的实时数据通道，保证对伺服运动系统的可靠控制。

（4）PROFINET 网络安装

PROFINET 支持总线型、星型和环型拓扑结构。为了减少布线费用，并保证高度的可用性和灵活性，PROFINET 提供了大量的工具帮助用户方便地实现 PROFINET 的安装。特别设计的工业电缆和耐用连接器满足 EMC 和温度要求，并且在 PROFINET 框架内形成标准化，保证了不同制造商设备之间的兼容性。

（5）PROFINET IT 标准与网络安全

PROFINET 的一个重要特征就是可以同时传递实时数据和标准的 TCP/IP 数据。在其传递 TCP/IP 数据的公共通道中，各种业已验证的 IT 技术都可以使用（如 http、HTML、SNMP、DHCP 和 XML 等）。在使用 PROFINET 的时候，我们可以使用这些 IT 标准服务加强对整个网络的管理和维护，这意味着调试和维护中的成本的节省。

PROFINET 实现了从现场级到管理级的纵向通信集成，一方面方便管理层获取现场级的数据，另一方面原本在管理层存在的数据安全性问题也延伸到了现场级。为了保证现场级控制数据的安全，PROFINET 提供了特有的安全机制，通过使用专用的安全模块，可以保护自动化控制系统，使自动化通信网络的安全风险最小化。

（6）PROFINET 故障安全

在自动化领域中，故障安全是相当重要的一个概念。所谓故障安全，即指当系统发生故障或出现致命错误时，系统能够恢复到安全状态。在这里，安全有两个方面的含义，一方面是指操作人员的安全，另一方面是指整个系统的安全，因为系统出现故障或致命错误时很可能会导致整个系统的毁坏。故障安全机制就是用来保证系统在故障后可以自动地恢复到安全状态，不会对操作人员和设备造成损害。

PROFINET 集成了 PROFIsafe 行规，实现了 IEC61508 中规定的 SIL3 等级的故障安全，很好地保证了整个系统的安全。

（7）PROFINET 与过程自动化

PROFINET 不仅可以用于工厂自动化场合，也同时面对过程自动化的应用。工业界针对工业以太网总线供电、以太网应用在本质安全区域问题的讨论正在形成标准或解决方案。

9.6 练习

①RS232 最大通讯距离为_____ m，逻辑电平为_____ V；RS485 的最大通讯距离为_____ m，逻辑电平为_____ V。RS232 或 RS485 是网络的电气标准，或者叫作物理接口，工控机上的九针串口是_____（RS232/RS485），PLC 的 CPU 上的九针串口是_____（RS232/RS485），它们是否可以用一根普通的串口电缆连接到一起？_____（是/否）。既然仅是物理接口，在其上面运行不同的网络协议，便可形成不同的网络。比如：西门子的 PPI、MPI、PROFIBUS，三菱的 CC-LINK，罗克韦尔的 DH+、DH485，以及在不同品牌设备之间常用的 MODBUS 都是运行在 RS485 上的不同协议。所以，PROFIBUS-DP 的通讯电缆是否可以用在 MPI 的网络上？_____（是/否）。

②图 9-9～图 9-11，为常见的网络拓扑结构，请参考西门子自动化产品手册填空。

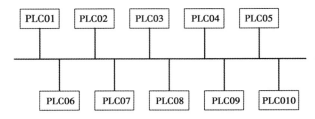

图 9-9　总线型网络

西门子的哪种网络是总线型的，请回答。

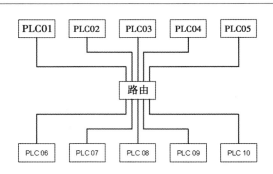

图 9-10　星型网络

西门子的哪种网络是星型的，请回答。_____

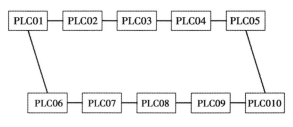

图 9-11　环型网络

西门子的哪种网络是环形的，请回答。

---

③MPI 是 S7　300/400 标配的网络接口，它是设计用于编程设备的接口，也可用来在少数 CPU 之间传递少量的数据。请列举几种 MPI 网络的通讯方式。

---

④Profibus-DP 主要用于 PLC 与分布式 I/O 和现场设备的高速数据通信，当然也可以和其他带有 DP 接口的 CPU 或 CP 通信。在 Profibus-DP 中，1 类主站是指_____，2 类主站是指_____，智能从站是指_____，标准从站是指_____。请列举几种 PROFIBUS 网络的通讯方式。

---

⑤实现网络通讯的 5 条黄金原则：

第一，确保网络的物理连接正常；

Profibus-DP 的标准电缆的颜色为_____色，其是否需要终端电阻？_____（是/否）。

第二，确保网络上的各设备使用相同的网络协议；

MPI 与 Profibus-DP 的网络协议是否相同？_____（是/否）。

第三，确保网络上的各设备的通讯速率相同；

在 MPI 或 Profibus-DP 网络中，PLC 与其他设备的距离越远，所需的通讯速率越_____（低/高）；若由于某设备距离较远需要调整通讯速率时，需要仅此设备调整速率还是网络上所有设备同时调整速率？_____

第四，确保网络上的各设备的站点地址号不同；

第五，关键要分配好设备间数据的发送与接收区。

对于西门子的网络，在实现通讯时，主要有两种方式。第一种是组态方式，即上述第二、三、四、五都通过组态方式实现，_____等网络通讯就是这种实现方式；第二种是组态和编程混合的方式，即上述第二、三、四通过组态方式实现，第五则通过编程方式实现，_____等网络通讯就是这种实现方式。

第 10 章　组态软件 WinCC 的使用

组态软件是一种面向工业自动化的通用数据采集和监控软件，即 SCADA （supervisory control and data acquisition）软件，也称人机界面 HMI （human machine interface）软件，在国内通常称为"组态软件"。

组态软件既可以完成对小型自动化设备的集中监控，也能由互相联网的多台计算机完成复杂的大型分布式监控，还可以和工厂的管理信息系统有机整合起来，实现工厂的综合自动化和信息化。目前，组态软件已经广泛应用于机械、钢铁、汽车、包装、矿山、水泥、造纸、水处理、环保监测、石油化工、电力、纺织、冶金、智能建筑、交通、食品、智能楼宇、实验室等领域。

组态软件从总体结构上看一般都是由系统开发环境（或称组态环境）与系统运行环境两大部分组成。系统开发环境和系统运行环境之间的联系纽带是实时数据库，三者之间的关系如图 10-1 所示。

图 10-1　系统组态环境、运行环境和实时数据库的关系示意图

西门子公司于 1996 年推出了组态软件——视窗控制中心 SIMATIC WinCC （Windows Control Center），它是西门子在自动化领域中的先进技术与 Microsoft 相结合的产物，性能全面，技术先进，系统开放。WinCC 除了支持西门子的自动化系统外，还可与 AB、Modicon、三菱等公司的系统连接，通过 OPC 方式，WinCC 还可与更多的第三方控制器进行通讯。目前，已推出 WinCC V7.3 版本。考虑到应用的普及性，以及高版本软件兼容低版本，本章主要以 WinCC V7.0 SP3 ASIA 版本为例进行介绍。

10.1　WinCC 的使用方法

10.1.1　新 WinCC 项目

类似于 4.3 节提到的无程序 PLC 的使用方法，新 WinCC 项目是一个从无到有的过程。其使用步骤如下：

①编写好相应的 PLC 程序，并规划好需要和 WinCC 通讯的变量；

②创建 WinCC 项目；

③组态 WinCC 与 PLC 的通讯；

④制作画面，并通过组态，将画面中的对象和已通讯的变量连接在一起；
⑤制作变量记录、趋势图显示、报警等功能。

10.1.2　已有 WinCC 项目

对于已经投产的项目，WinCC 可能已经做好，当需要修改时，尽量使用复制粘贴、多利用其中已有的对象，步骤如下：
①按照 4.4 节的"运行中 PLC 的使用方法"，编写好相应的 PLC 程序；
②备份 WinCC 项目；
③打开 WinCC 项目，完成新变量的通讯组态；
④制作画面、变量记录、趋势图显示、报警等功能。

10.2　WinCC Explorer 项目

10.2.1　案例 21——WinCC 项目的制作

本章将以项目案例的形式并结合相关知识点，讲解 WinCC 的基本使用方法。
假设有一套需要远程启停并且调速的电机控制系统，电路的示意图如图 10-2 所示，PLC 的组态见图 10-3，PLC 控制程序见图 10-4。

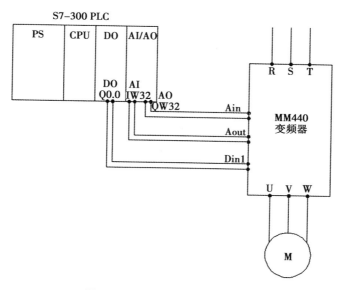

图 10-2　案例 21 电路的示意图

插槽		模块	...	订货号	...	固件	MPI 地址	I 地址	Q 地址
1		PS 307 5A		6ES7 307-1EA00-0AA0					
2		CPU 315-2 DP		6ES7 315-2AG10-0AB0		V2.6	2		
X2		DP						2047*	
3									
4		DO32xDC24V/0.5A		6ES7 322-1BL00-0AA0					0...3
5		AI4/AO2		6ES7 334-0KE00-0AB0				32...39	32...35

图 10-3　案例 21 中的 PLC 组态

图 10-4 中的程序段 1 是电机的启停程序，其中 M0.0 是启动位，M0.1 是停止位，这两位的信号都将来自 WinCC。程序段 2 是电机速度给定程序，由图 10-2，PLC 是通过模拟量信号将速度给定传送给变频器的，因此 MW2 的过程值范围是 0~27648。同理程序段 3 中速度反馈的 MW4 的过程值范围也是 0~27648。

OB1: "Main Program Sweep (Cycle)"
程序段1: 电机启停程序

程序段2: 速度给定

程序段3: 速度反馈

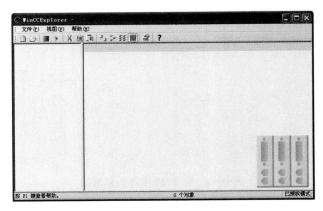

图 10-4　案例 21 中的 PLC 控制程序

下面开始 WinCC 部分的制作。

10.2.2　新建或打开项目

WinCC Explorer 以项目的形式管理着控制系统所有必要的数据。单击"开始→所有程序→SIMATIC→WinCC→WinCC Explorer"启动 WinCC Explorer 浏览器，也称为 WinCC 项目管理器，如图 10-5 所示，即可开始一个 WinCC 项目的组态。

图 10-5　启动 WinCC Explorer 浏览器

首次启动 WinCC，将打开没有项目的 WinCC 项目管理器，再次启动 WinCC 时，上次关闭 WinCC 时最后打开的项目将被打开。如果希望启动 WinCC 项目管理器而不打开某个项目，可在启动 WinCC 时，同时按下<Shift>和<Alt>键并保持，直到出现 WinCC 项目管理器窗口，此时 WinCC 项目管理器打开，但不打开项目。

如果退出 WinCC 项目管理器前打开的项目处于激活（运行）状态，则重新启动 WinCC 时，将自动激活该项目。如果希望启动 WinCC 而不立即激活运行系统，可在启动 WinCC 时同时按下<Shift>和<Ctrl>键并保持，直到在 WinCC 项目管理器完全打开并显示项目。

　　单击图 10-5 中"文件"菜单中"新建"，出现图 10-6 所示的对话框，选择创建"单用户项目"。

　　如果要编辑或修改已存在的项目，通过"文件"菜单中"打开"即可打开项目，或者选择图 10-6 所示的"打开已存在的项目"项。

图 10-6　"新建项目"对话框

　　此处以单用户项目为例进行介绍，如图 10-7 所示。可以看出，WinCC 项目是以项目的形式进行管理的，图中左侧部分为项目树，包括了一个 WinCC 项目的各个组成部件，右侧为左侧选择部件的详细内容。

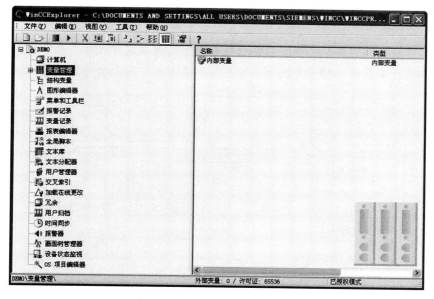

图 10-7　新建一个单用户项目

【知识扩展7】 WinCC 项目类型

由图 10-6 可以看出，WinCC 项目分为三种类型：单用户项目、多用户项目和客户机项目。下面分别介绍其含义。

（1）单用户项目

是单个操作员终端，在此计算机上可以完成组态、操作、与过程总线的连接及项目数据的存储等，示意图如图 10-8 所示。此时项目计算机既用作进行数据处理的服务器，又用作操作员输入站，其他计算机不能访问该计算机上的项目，除非通过 OPC 方式。

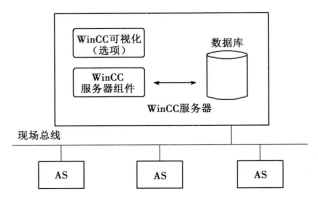

图 10-8　单用户项目示意图

单用户项目中一般只有一台计算机，即使有多台计算机，计算机上的数据也是相互独立的，不可通过 WinCC 进行相互访问。

（2）多用户项目

如果希望在 WinCC 项目中使用多台计算机进行协调工作，可创建多用户项目，示意图如图 10-9 所示。多用户项目可以组态一至多台服务器和客户机。任意一台客户机可以访问多台服务器上的数据；任意一台服务器上的数据也可以被多台客户机访问。项目数据如画面、变量和归档等更适合存储在服务器上并可用于全部的客户机。服务器执

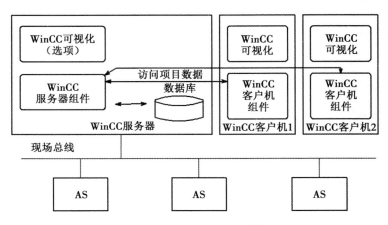

图 10-9　多用户项目示意图

行与过程总线的连接和过程数据的处理、运行通常由客户机操作。

在运行时多客户机能访问最多 6 个服务器，即 6 个不同服务器可以显示在多客户机的同一幅画面。

在服务器上创建多用户项目，与 PLC 建立连接的过程通讯只在服务器上进行。多用户项目中的客户机没有与 PLC 的连接。在多用户项目中，可组态对服务器进行访问的客户机。在客户机上创建的项目类型为客户机项目。

如果希望使用多个服务器进行工作，则将多用户项目复制到第二台服务器上，并对所复制的项目作相应的调整；也可在第二台服务器上创建一个与第一台服务器上的项目无关的第二个多用户项目。服务器也可以以客户机的角色访问另一台服务器的数据。

（3）客户机项目

能够访问多服务器数据，示意图如图 10-10 所示。每个客户机项目和相关的服务器具有自己的项目。在服务器或客户机上完成服务器项目的组态，在客户机上完成客户机项目的组态。如果创建了多用户项目，则必须创建对服务器进行访问的客户机，并在将要用作客户机的计算机上创建一个客户机项目。对于 WinCC 客户机，存在下面两种情况。

①具有一台或多台服务器的多用户系统。客户机访问多台服务器。运行系统数据存储在不同的服务器上。多用户项目中的组态数据位于相关的服务器上，客户机上的客户机项目可以存储本机的组态数据如画面、脚本和变量等。在这样的多用户系统中，必须在每个客户机上创建单独的客户机项目。

②只有一台服务器的多用户系统。客户机访问一台服务器。所有数据均位于服务器上，并在客户机上进行引用。在这样的多用户系统中，不必在 WinCC 客户机上创建单独的客户机项目。

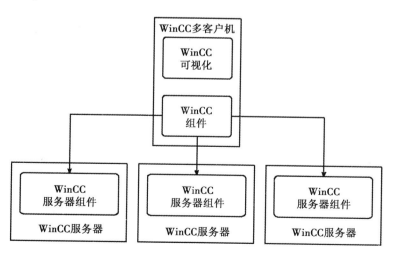

图 10-10　客户机项目示意图

10.2.3 复制项目（备份项目）

复制项目是指将项目与所有重要的组态数据复制到同一台计算机的另一个文件夹或网络中的另一台计算机上。复制项目是通过项目复制器来完成的。使用项目复制器，只复制项目和所有组态数据，不复制运行系统数据。

通过选择"开始→所有程序→SIMATIC→WinCC→Tools→Project Dplicator"，打开"WinCC 项目复制器"，如图 10-11 所示，单击上面的 ⋯ 按钮选择希望复制的项目，单击"另存为"按钮，可以打开"另存为 WinCC 项目"对话框，按照提示操作可对选择的项目进行复制，此复制项目名称可与原项目名称不同。

冗余系统上的 WinCC 项目必须完全相同。如果创建了一套冗余系统，则每当主服务器项目进行了修改，必须对备份服务器上的项目进行同步更新。复制冗余服务器项目，不能使用 Windows 的复制粘贴功能，只能通过 WinCC 项目复制器。图 10-11 中，分别选择源项目和目的项目存储位置，单击"复制"按钮，就开始复制冗余系统中的冗余服务器的项目。

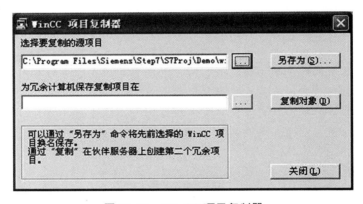

图 10-11 WinCC 项目复制器

打开从其他电脑复制过来的 WinCC 项目时要注意，需要将 WInCC 计算机属性中的"计算机"名改成正在使用的计算机名。查看本机计算机名的方法是："在'我的电脑'上右键点击鼠标→属性→计算机名→完整的计算机名"。查看 WinCC 项目中计算机名的方法是："右键单击图 10-7 项目树中的'计算机'→属性→属性→计算机名称"。

10.3 变量通讯

WinCC 和 PLC 通讯的变量属于 WinCC 的外部变量。对于 WinCC 来讲，通讯的前提是在 WinCC 中有相应 PLC 或网络的通讯驱动程序。

右键单击"变量管理"项，选择"添加新的驱动程序"，将出现图 10-12 所示的对话框。

图 10-12 "添加新的驱动程序"对话框

如果要通讯的是西门子 S7 系列 PLC，则选择"SIMATIC S7 Protocol"。单击"打开"按钮添加 SIMATIC S7 的驱动程序，添加后的"变量管理"目录如图 10-13 所示。

图 10-13 变量管理的目录

如果需要通讯的是其他品牌的 PLC，且没有相应 PLC 的驱动程序，则一般选择"OPC"。OPC 可以理解为数据通讯的"中介"，由于在 OPC 软件中有绝大多数 PLC 的通讯驱动程序，所以 OPC 和 PLC 进行通讯，然后将这些数据和 WinCC 通讯，示意见图 10-14。

图 10-14 借助 OPC 进行数据通讯的示意图

在 WinCC V7.0 及更高的版本中，增加了几个通讯驱动：AB PLC 的 Ethernet IP、三菱的 Ethernet 和 Modbus TCP/IP。在这些版本的 WinCC 中，以上几种通讯不需要使用 OPC。

单击图 10-13 中所显示的驱动程序前的扩展符号"+"，将显示当前驱动程序所有可用的通道单元，其含义见表 10-1。通道单元可用于建立与多个自动化系统的逻辑连接。逻辑连接表示与单个 PLC 连接的接口。

表 10-1   **SIMATIC S7 Protocol Suite 通道单元含义**

通道单元的类型	含义
Industrial Ethernet Industrial Ethernet（II）	皆为工业以太网通道单元，使用 SIMATIC NET 工业以太网，通过安装在计算机的通讯卡与 S7 PLC 通讯，使用 ISO 传输层协议
MPI	通过编程设备上的外部 MPI 端口或计算机上通讯处理器在 MPI 网络与 PLC 进行通讯
Named Connections	通过符号连接与 Step7 进行通讯。这些符号连接是使用 Step7 组态的，且当与 S7-400 的 H/F 冗余系统进行高可靠性通讯时，必须使用此命名连接
PROFIBUS PROFIBUS（II）	实现与现场总线 PROFIBUS 上的 S7 PLC 的通讯
Slot PLC	实现与 SIMATIC 基于 PC 的控制器 WinAC Slot 412/416 的通讯
Soft PLC	实现与 SIMATIC 基于 PC 的控制器 WinAC BASIS/RTX 的通讯
TCP/IP	通过工业以太网进行通讯，使用的通讯协议为 TCP/IP

对于 WinCC 与 SIMATIC S7 PLC 的通讯，首先要确定 PLC 上通讯接口的类型，对于 S7-300/400 CPU 至少集成了 MPI 接口，还有的集成了 DP 口或工业以太网接口。此外，PLC 上还可以配置 PROFIBUS 或工业以太网的通讯处理器。其次，要确定 WinCC 所在计算机与 PLC 系统连接的网络类型。WinCC 所在计算机既可与现场控制设备在同一网络上，也可在单独的控制网络上。连接的网络类型决定了 WinCC 项目中的通道单元类型。

计算机上的通讯卡有工业以太网和 PROFIBUS 网卡，插槽有 ISA 插槽、PCI 插槽和 PCMCIA 槽，通讯卡有 Hardnet 和 Softnet 两种类型。Hardnet 卡有自己的微处理器，可减轻 CPU 的负荷，可同时使用两种以上的通讯协议；Softnet 卡没有自己的微处理器，同一时间只能使用一种通讯协议。表 10-2 列出了通讯卡的类型。

表 10-2   **计算机上的通讯卡类型**

通讯卡型号	插槽类型	类型	通讯网络
CP5412	ISA	Hardnet	PROFIBUS/MPI
CP5611	PCI	Softnet	PROFIBUS/MPI
CP5613	PCI	Hardnet	PROFIBUS/MPI
CP5611	PCMCIA	Softnet	PROFIBUS/MPI
CP1413	ISA	Hardnet	工业以太网

续表 10-2

通讯卡型号	插槽类型	类型	通讯网络
CP1412	ISA	Softnet	工业以太网
CP1613	PCI	Hardnet	工业以太网
CP1612	PCI	Softnet	工业以太网
CP1512	PCMCIA	Softnet	工业以太网

下面以 MPI 通讯方式为例介绍外部变量的建立，见表 10-3。

表 10-3　　　　　　　　　　　　　WinCC 外部变量的创建

序号	说明	图示
1	选中图 10-13 中的"MPI"项，右键单击选择"新驱动程序的连接"，打开右图所示的"连接属性"对话框，输入连接的名称，此处为"PLC01"。 再点击"属性"，设置"连接参数"	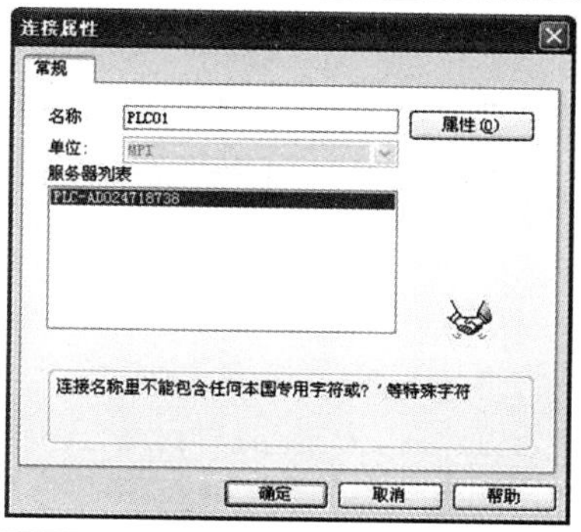
2	输入控制器的站地址、机架号、（CPU 的）插槽号等。 S7-300 CPU 的插槽号为 2，S7-400 CPU 的插槽号根据实际而定	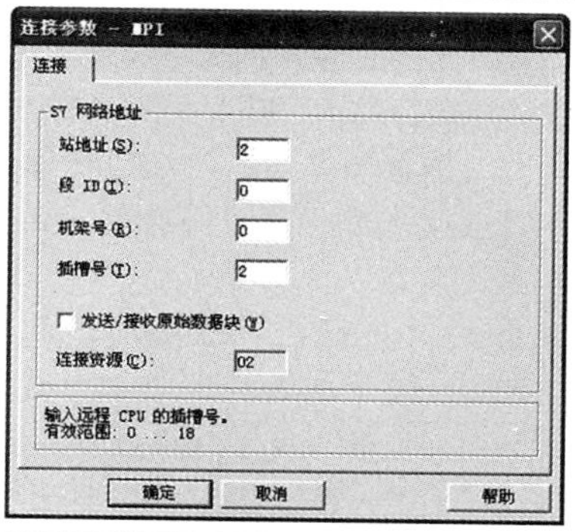
3	如果 WinCC 是与仿真 PLC 进行的 MPI 连接，则需要在 MPI 的"系统参数"中，将右图中的"逻辑设备名称"修改为"PLCSIM（MPI）"。 "系统参数"对话框的打开方式为：选中图 10-13 中的"MPI"项，右键单击选择"系统参数"。 逻辑设备名称修改后，需要重启 WinCC 项目，才会生效	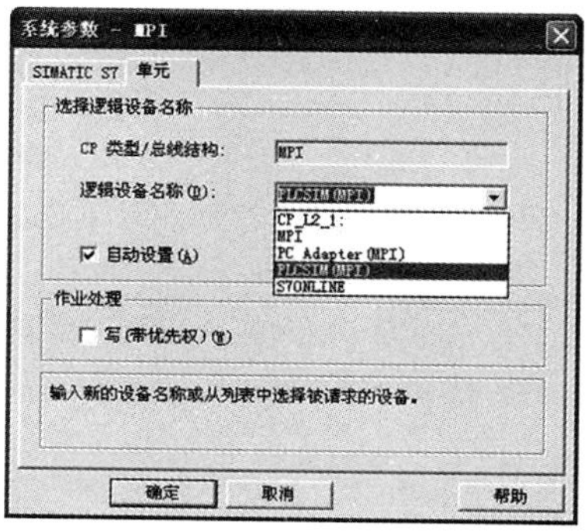

续表 10-3

序号	说明	图示
4	建立好的连接中可以添加变量或变量组。变量组类似于"文件夹"。变量组中只能创建变量。一个变量组不能包含另一个变量组，即不能嵌套	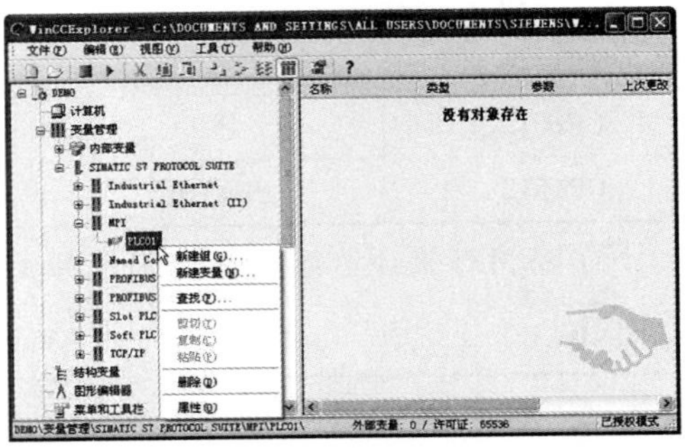
5	新建变量，在右侧上图中选择数据类型为"有符号16位数"，单击"选择"按钮，打开右侧下图的"地址属性"对话框，设置 S7 PLC 中变量对应的地址，本例中该变量对应于 S7 PLC 中的 MW2。 变量对应的地址可以是 PLC 中的位内存（M）、输入（I）、输出（Q）和数据块等。 如果希望以不同于 PLC 所提供的过程值进行显示，则可以使用线性标定，如右侧上图所示。勾选"线性标定"项并输入过程值范围和变量值范围，其含义为：当过程值为0时，变量值为0；当过程值为27648时，变量值为1200。按照这种线性关系进行标定。线性标定没有规定过程值和变量值的上、下限，当过程值为32767时，对应于变量的值为1422	 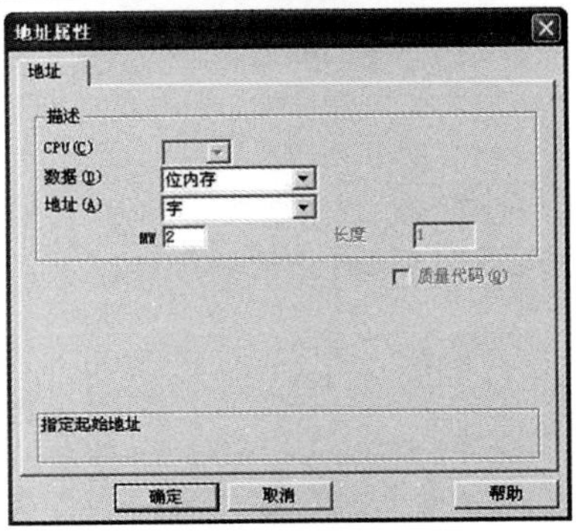
6	将 M0.0、M0.1、Q0.0、MW2 及 MW4 分别制作成与 WinCC 通讯的外部变量，结果如右图所示。 注：Q0.0 在 WinCC 中的表达是 A0.0；I0.0 在 WinCC 中的表达是 E0.0	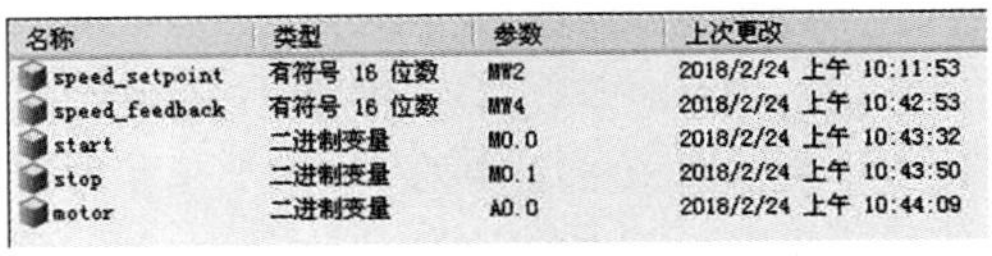

10.4　制作画面

过程画面的制作过程见表 10-4。

表 10-4　　　　　　　　　　　　　　　　　**过程画面的制作**

序号	说明	图示
1	在 WinCC 项目树中右键点击"图形编辑器",再选择"新建画面"即可创建一个新画面	
2	制作新画面的第一步是根据操作站显示器的分辨率,调整画面的大小。在画面编辑区的任意空白位置上点击鼠标右键,打开"对象属性"窗口,调整"画面宽度"和"画面高度"的"静态"数值,然后关闭"对象属性"窗口即可	
3	下面制作电机的运行指示灯。设备的运行指示灯在操作画面上一般都是用一个闭合图形,如:用圆、矩形或圆角矩形等不同颜色,来代表该设备的不同运行状态。在图形编辑器右侧的标准对象中选择"圆",然后在画面编辑区中画出	

续表 10-4

序号	说明	图示
4	右键点击此"圆",打开"对象属性"窗口。在此窗口中,"属性"是指该对象的位置、高度、是否旋转、颜色、样式、是否闪烁及是否填充等。这些属性一般都分为"静态"和"动态",静态的数据就在"对象属性"窗口中直接修改,并立即生效。动态的数据是指将其和某些变量或动作程序连接起来,使其能够根据要求在画面的显示中自动变化该属性。 　为制作 10.2.1 案例中的电机运行指示灯,在"颜色"中"背景颜色"的"动态"上点击右键,选择"动态对话框"	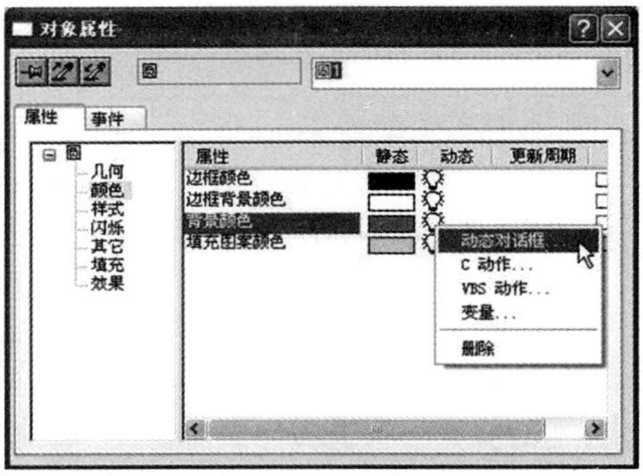
5	在"动态值范围"窗口中,点击"表达式/公式"右侧的按钮,并选择"变量"	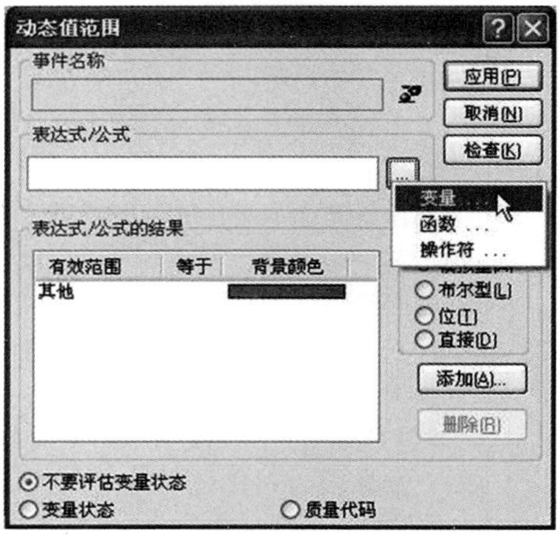
6	选择电机输出信号对应的变量"motor",点击"确定"。将"圆"的背景颜色连接至"motor"变量	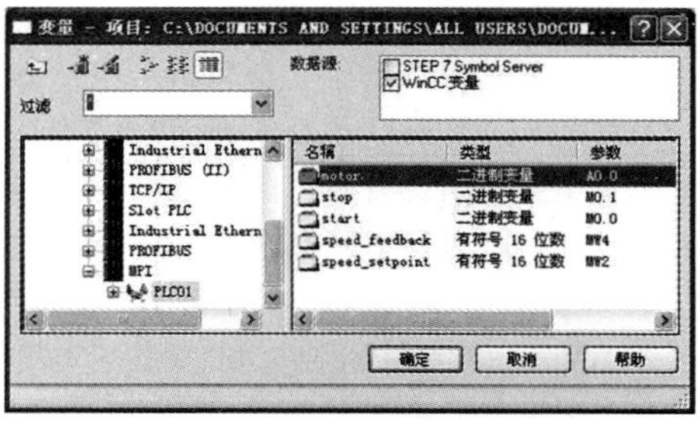

续表 10-4

序号	说明	图示
7	然后将数据类型选择成"布尔型"，并在左侧的"表达式/公式的结果"中，将真和假对应的背景颜色指定好。 　　注："表达式/公式"中的变量名也可以打上单引号，然后手动将其名字输入进去	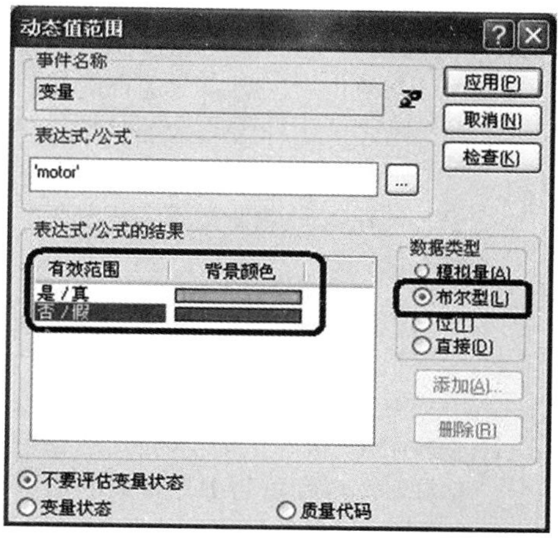
8	回到对象"圆"的"对象属性"的窗口。"背景颜色"这几个字被加粗了，其"动态"的对应图标变成了红色的雷电，其上一级的"颜色"及"圆"的汉字都被加粗了。这样设计的好处是，当我们打开他人制作的WinCC 项目时，可以很容易地发现其组态过的地方。 　　再将效果属性中"全局颜色方案"的静态数据改为"否"，电机的运行指示灯就做好了（更低版本的 WinCC 无此项设置）	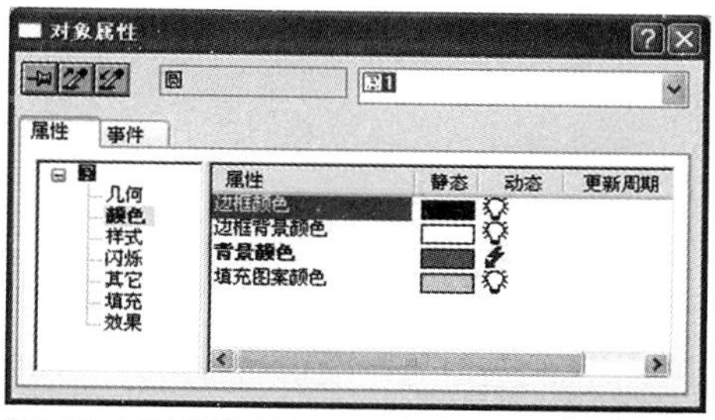 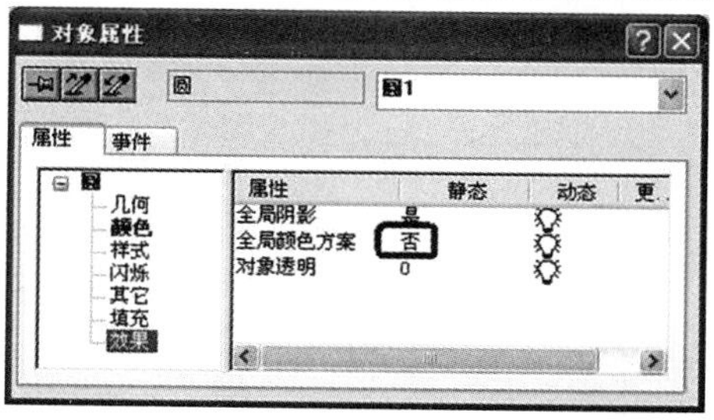
9	接下来，制作电机的启动和停止按钮。在图形编辑器右侧的对象选项板中，选择"窗口对象"里的"按钮"，并在画面编辑区画出一个适当大小的按钮，将弹出的"按钮组态"窗口中的"文本"内容修改为"启动按钮"，点击"确定"	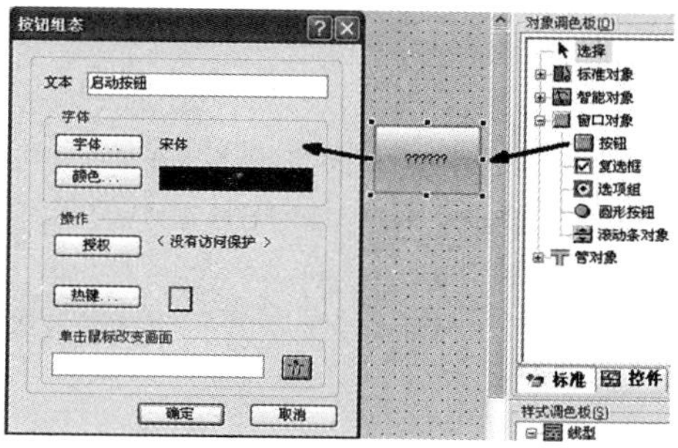

续表 10-4

序号	说明	图示
10	在制作出的按钮上点击右键，打开"对象属性"对话框，并切换到"事件"选项卡，右键单击"按左键"右侧"动作"的雷电图标，选择"直接连接"（双击雷电图标也可以）	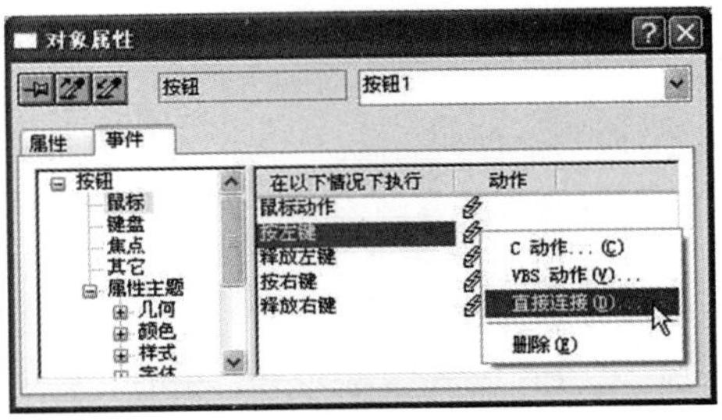
11	"直接连接"的含义是：当在此按钮上按下鼠标的左键时，将左侧的"来源"与右侧的"目标"直接连接在一起。根据前文例子的控制要求，需要在按下此按钮时，产生高电平信号。因此，"来源"选择"常数"，并定义为"1"；"目标"选择"变量"，并选中"start"（在此例中 start 变量对应着 PLC 中的 M0.0）。 用同样的方法组态"释放左键"，将其"来源"的"常数"定义为"0"，"目标"的"变量"选中"start"，图略	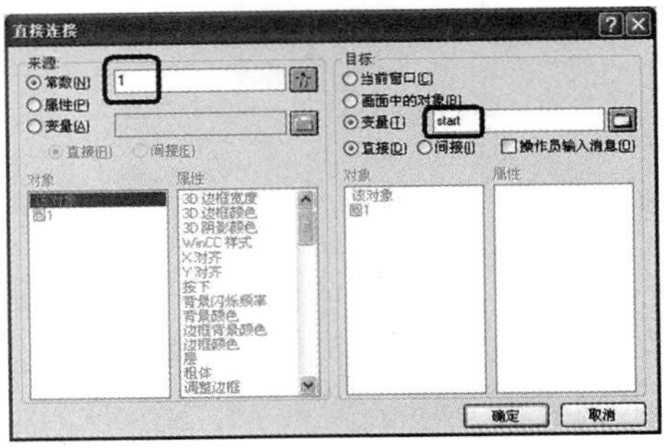
12	"对象属性"窗口组态完毕后，"动作"中对应的雷电图标同样被改变了颜色，"按左键"和"释放左键"及它们的上一级属性"鼠标"和"按钮"都被加粗了字体	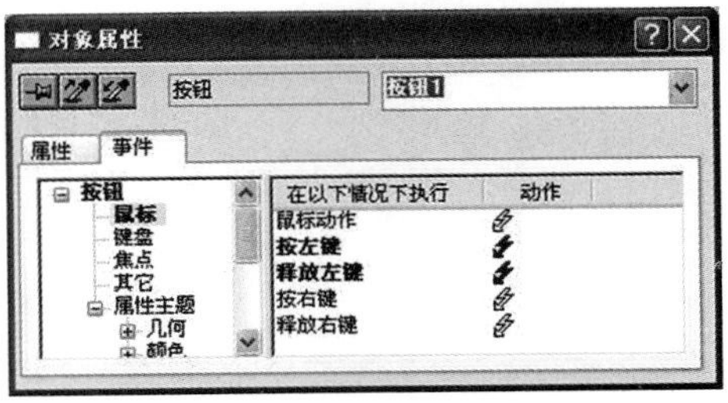
13	用相同的方法组态"停止按钮"，图略。组态好后，回到"图形编辑器"，如果需要将两个按钮对齐，可以在选中两个按钮后，选择"排列→对齐→上对齐"，或者选择其他对齐方式。也可以在"图形编辑器"下部区域的"对齐选项板"中，选择相应的对齐方式	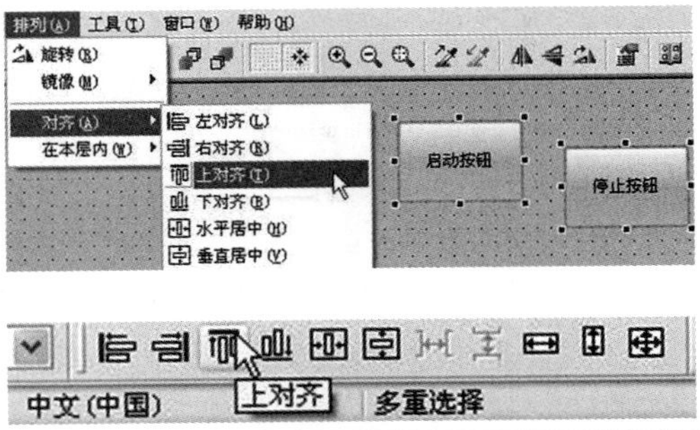

续表 10-4

序号	说明	图示
14	画面完成后，外观如右图所示	
15	画面被激活后，如果认为某些对象反应较慢，如本例中的电机运行指示灯，可以检查并更新其"周期"。如果需要单独调整某些对象的周期，可以在其属性中修改。比如本例中的电机运行指示灯，在其"动态对话框"中，点击触点形状的图标，打开"改变触发器"窗口。可以看到其周期为 2 秒，双击"2 秒"，即可调整，如可以调整到 250 毫秒	
16	如果需要使将来增加的对象的更新周期均为某一时间，也可以在"图形编辑器"中选择"工具→设置→缺省对象设置→缺省触发器"，并修改。但要注意此触发器时间值的修改只对将来新添的对象有效，对已有的对象无效	
17	下面制作电机的速度值输入画面。如果需要精确输入数值，可以用"输入/输出域"对象。如右图所示添加好此对象之后，将变量选择为"speed_setpoint"，"类型"选择"I/O 域"，然后点击"确定"	

续表 10-4

序号	说明	图示
18	用同样的方法制作变量"speed_feed-back"对应的电机反馈转速显示的输入/输出域,制作好的画面见右图。(加入了文本)	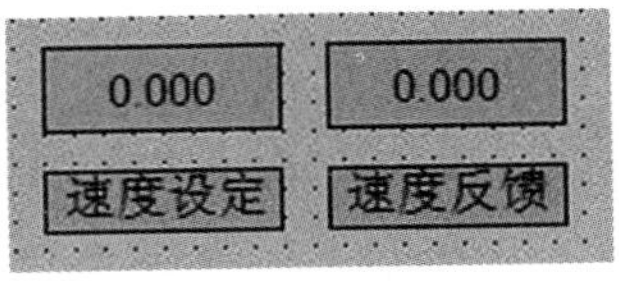
19	如果需要调整输入/输出域的显示位数或小数点的位置,右键打开输入/输出域的"对象属性"窗口,修改"输入/输出"中的"输出格式"属性,将其改为"9999.9"的含义为:小数点前面显示 4 位数字,小数点后面显示 1 位数字	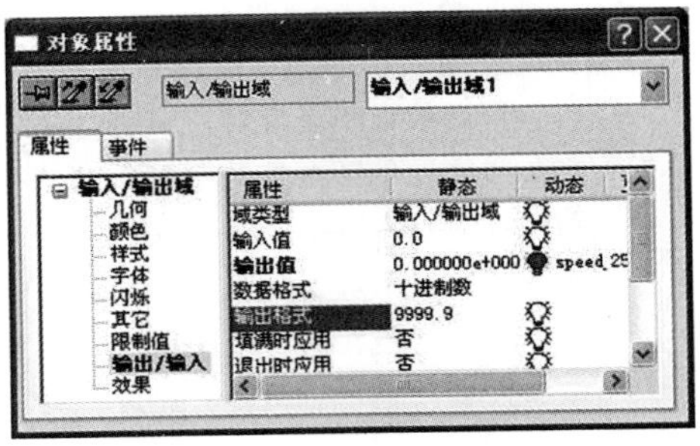
20	如果需要连续地改变数值,可以用"滚动条"对象。"最大值"设置为 1200 的原因是,在 WinCC 中建立 speed_setpoint 变量时进行了线性标定,见表 10-3 中的第 5 项	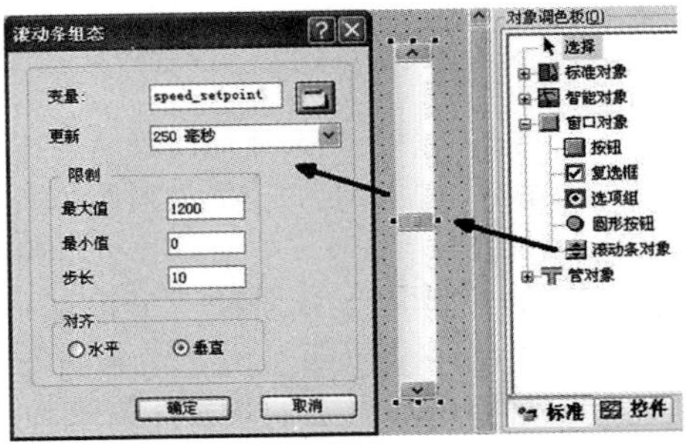
21	可以使用棒图连续地表达数值的大小程度	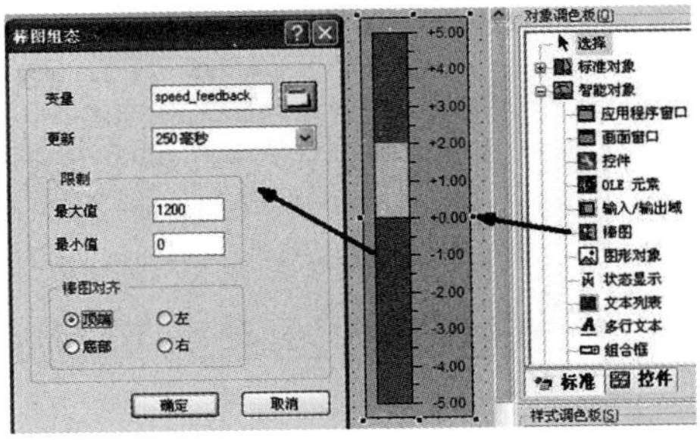

续表 10-4

序号	说明	图示
22	可以为棒图设置不同的颜色，比如数值范围在 900~1200 时，显示红色；0~900 时显示绿色	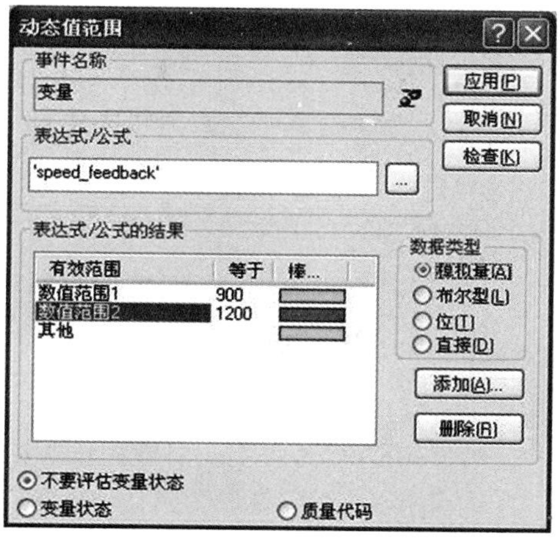
23	制作好并激活的画面见右图	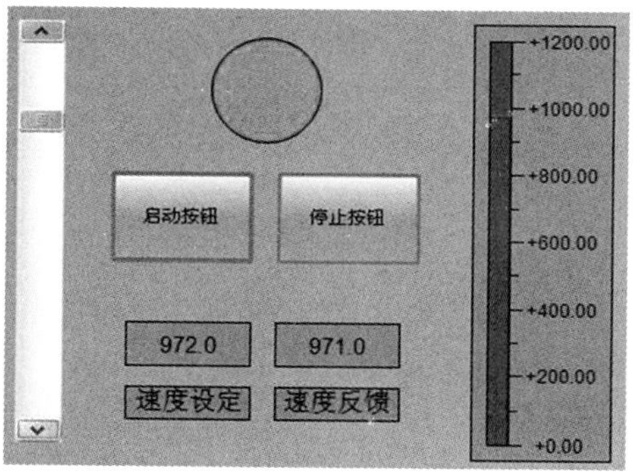

在图形编辑器中，单击"文件"→"激活运行系统"，或单击工具栏的 ▶ 按钮可以激活 WinCC 运行系统。在图形编辑器中激活运行系统，首先激活的画面是图形编辑器当前打开的过程画面，而项目管理器中激活运行系统始终以项目的起始画面为起点。

可以在 WinCC 项目处于激活状态时，对过程画面进行编辑和修改，编辑和修改后对画面进行保存，然后再次在图形编辑器中激活运行系统，便可以显示编辑和修改后的画面。

10.5　变量记录与数据趋势显示

变量记录也称为变量归档或过程值归档，主要是用于获取、处理和记录工业设备的过程数据。它可以降低危险，对错误状态进行早期检查，从而提高生产力和产品质量，优化维护周期等。

WinCC 项目中组态变量记录的步骤如下：

①创建或配置用于变量归档的定时器，可以自定义定时器，也可以直接使用默认定时器；

183

②使用归档向导创建和配置一个过程值归档，用于存储过程数据；

③如果有必要，在所创建的归档中对每个归档变量进行属性配置；

④在图形编辑器中创建和配置数据趋势显示，以便于系统运行时观察归档数据。

10.5.1 组态变量记录

下面我们将组态前文例子中的"speed_feedback"变量的记录，见表10-5。

表 10-5 组态变量记录

序号	说明	图示
1	双击 WinCC 项目树中的"变量记录"，打开变量记录软件	
2	在"归档"处点击鼠标右键，选择"归档向导"	
3	点击下一步	
4	将归档名称按需修改，例如修改成"Motor"，然后点击下一步	

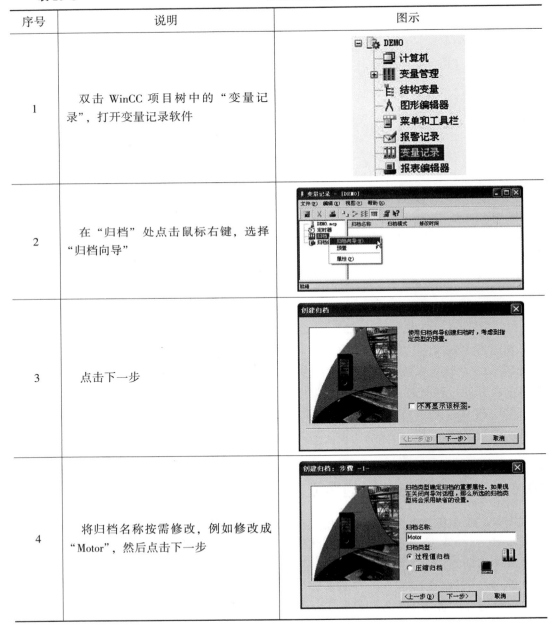

续表 10-5

序号	说明	图示
5	点击"选择",并选择 speed_feedback 变量	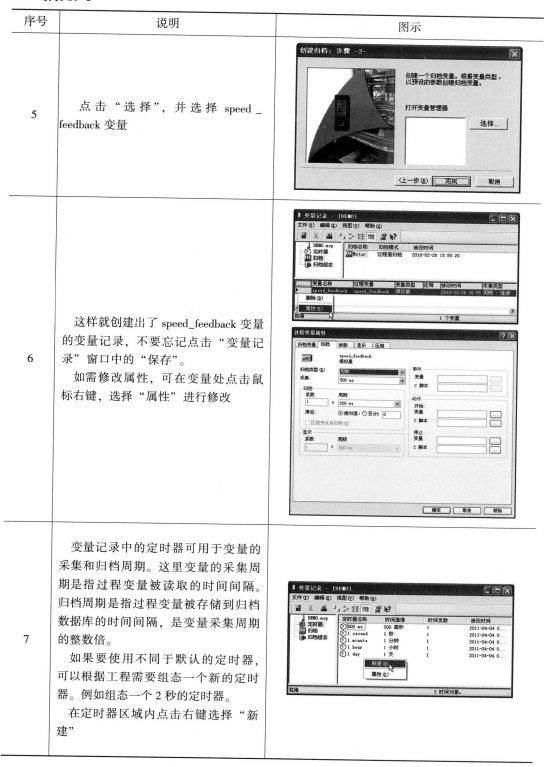
6	这样就创建出了 speed_feedback 变量的变量记录,不要忘记点击"变量记录"窗口中的"保存"。 如需修改属性,可在变量处点击鼠标右键,选择"属性"进行修改	
7	变量记录中的定时器可用于变量的采集和归档周期。这里变量的采集周期是指过程变量被读取的时间间隔。归档周期是指过程变量被存储到归档数据库的时间间隔,是变量采集周期的整数倍。 如果要使用不同于默认的定时器,可以根据工程需要组态一个新的定时器。例如组态一个 2 秒的定时器。 在定时器区域内点击右键选择"新建"	

续表 10-5

序号	说明	图示
8	定义定时器名称，选择时间基准、定义系数等 如果勾选"另外，启动系统时触发循环"或"另外，系统关闭时触发循环"，则不管已组态的周期如何，当"系统启动时"或"退出运行系统时"，都将执行一个归档周期。还可以指定第一个归档周期的开始时间，之后将按照设定的周期时间启动归档	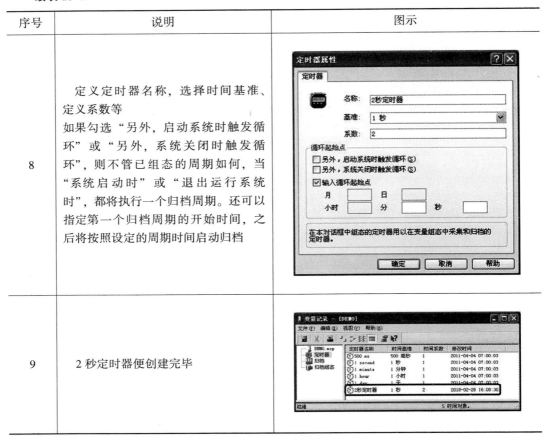
9	2秒定时器便创建完毕	

变量记录功能组态好之后，需要启动变量记录功能，才能在重新激活 WinCC 项目后开始变量的记录，该功能的开启见表 10-6。

表 10-6 变量记录功能的开启

序号	说明	图示
1	组态好变量记录功能后，保存退出。如果 WinCC 项目已经激活，请取消激活 然后 WinCC 主界面中右键点击"计算机"，选择"属性"	

续表 10-6

序号	说明	图示
2	在弹出的"计算机列表属性"中，点击右侧的"属性"	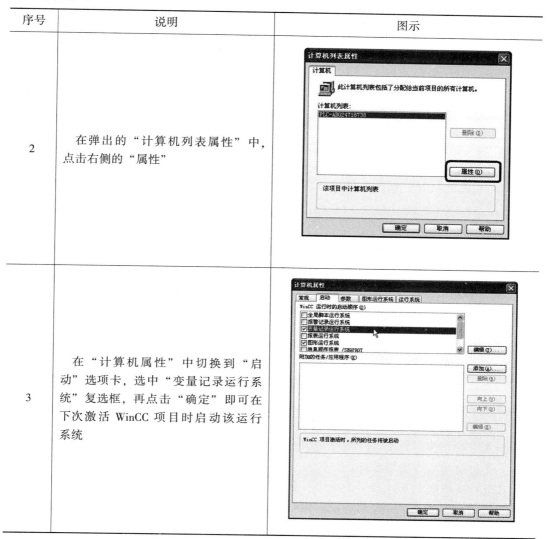
3	在"计算机属性"中切换到"启动"选项卡，选中"变量记录运行系统"复选框，再点击"确定"即可在下次激活 WinCC 项目时启动该运行系统	

【知识扩展 8】 归档备份与归档数据库大小的计算

定期进行归档数据的备份，确保过程数据的可靠完整。在快速和慢速归档中都可设定归档是否备份以及归档备份的目标路径和备选目标路径。

将归档周期不大于 1 分钟的变量记录称为快速记录，将归档周期大于 1 分钟的变量记录称为慢速归档。

在变量记录编辑器左侧浏览窗口中，选择"归档组态"项，双击"TagLogging Fast"（快速变量记录），可以打开"快速变量记录"对话框，如图 10-15 所示。它包括三个选项卡，"归档组态"中可以设置归档尺寸和更改分段的时间。其中，"所有分段的时间段"用于指定多长时间之后删除最旧的单个分段，"所有分段的最大尺寸"用于规定归档数据库的最大尺寸，如果超出该大小，则将删除最旧的单个分段。"单个分段所包含的时间段"用于指定消息或过程值在单个分段中归档的周期，如果超出该周期，将启动新建的单个分段。"单个分段的最大尺寸"用于输入单个分段的最大尺寸，如果超出了该大小，则启动新建的单个分段。"更改分段的时间"用于规定分段变化的时间，新建的段将在此时启动。即使超出了所组态大小或所组态的周期，分段也将改变。

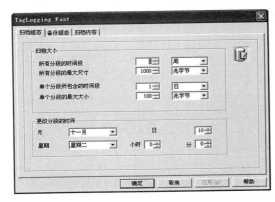
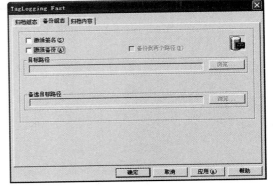

图 10-15　归档组态选项卡　　　　图 10-16　备份组态选项卡

"备份组态"选项卡如图 10-16 所示，其中，"激活签名"为已交换的归档备份文件进行签名，通过签名可使系统能够识别归档备份文件在交换后是否发生变化。"激活备份"在目录"目标路径"和/或"备选目标路径"下激活交换归档数据。"备份到两个路径"在两个目录"目标路径"和"备选目标路径"下都激活交换归档数据。"目标路径"用作定义归档备份文件的存储路径。"备选目标路径"用于规定可选的目标路径。如在下列条件下，使用"可选的目标路径"：

①备份介质的存储器已满。

②进行备份的原始路径不能使用，如出现电源故障。

数据归档需要占用一定的存储空间，不去估算所需的存储空间大小，有时难免出现存储空间不足而导致的数据记录长度不满足要求的情况。因此，要学会估算的方法。

慢速归档时一条变量归档记录占用 32 字节的空间，每个变量以 2 分钟为归档周期，一周之内会产生 5040 条记录，若有 5000 个变量的归档，则单个数据片段的大小计算为：

$$32 \times 5000 \times 5040 = 806400000 \text{（b）}$$

约等于 800Mb，考虑到留出 20% 的裕量，设定单个数据片段为 1Gb。

所有数据归档期限是两个月，因此所有段的尺寸为单个片段尺寸乘单个片段的个数，即 $1 \times 9 = 9$（Gb）。

快速归档时一条变量归档记录占用 3b 的空间，每个变量以 2 秒为归档周期，一周之内会产生 302400 条记录，若有 50 个变量的归档，则单个数据片段的大小计算为：

$$3 \times 50 \times 302400 = 45360000 \text{（b）}$$

约等于 46Mb，考虑到留出 20% 的裕量，设定单个数据片段为 60Mb。

所有数据归档期限是两个月，因此所有段的尺寸为单个片段尺寸乘单个片段的个数，即 60×9＝540（Mb）。

只有周期连续归档的数据才能定量计算其占用的数据库大小，因此当对设定的时间期限计算并设置数据库尺寸大小时，需要考虑其他归档类型的数据，留出相应的裕量。

10.5.2　组态趋势显示

趋势显示绘制在画面上，具体的制作方法见表 10-7。

表 10-7　　　　　　　　　　　　　　　组态趋势显示

序号	说明	图示
1	在图形编辑器的"对象调色板"的"控件"中选择 WinCC Online Trend Control，并在画面中画出	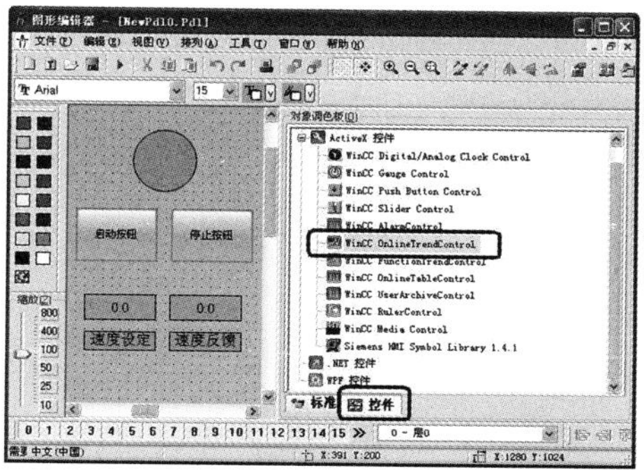
2	在画面中画出趋势图后，会自动弹出右侧的窗口。 在 A 处确定数据源的类型，"归档变量"为之前组态的变量记录中的变量，该变量被保存在硬盘上，可以通过趋势图回看历史数据；"在线变量"为暂存在内存中的变量，不存在可回看的历史数据。 在 B 处选定具体的变量	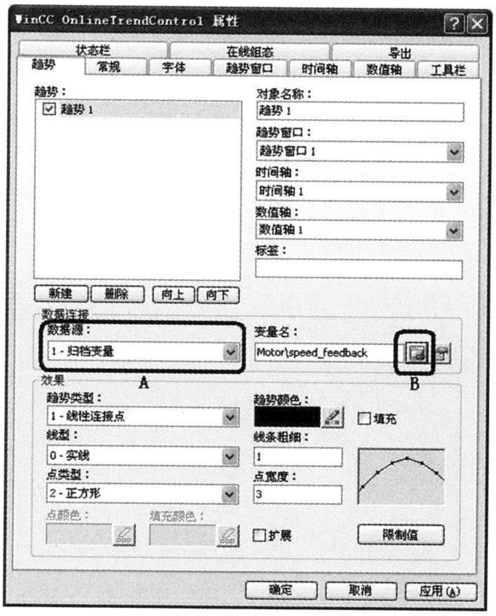

189

续表 10-7

序号	说明	图示
3	趋势图的横轴在"属性"中的"时间轴"选项卡中设定	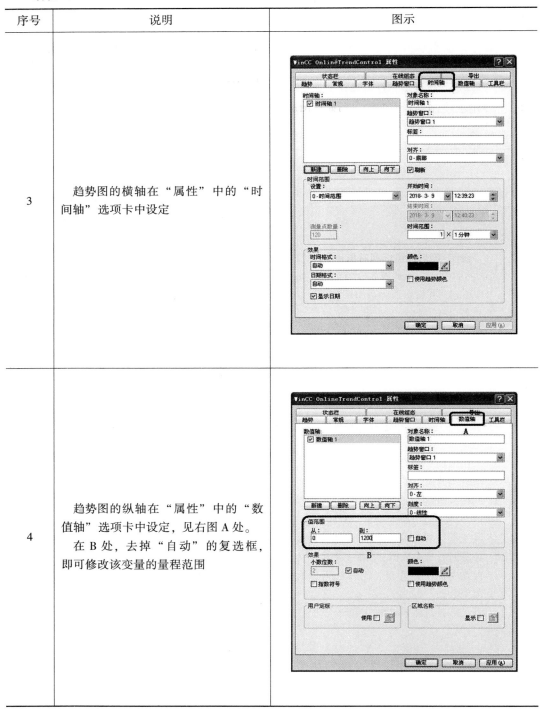
4	趋势图的纵轴在"属性"中的"数值轴"选项卡中设定,见右图 A 处。 在 B 处,去掉"自动"的复选框,即可修改该变量的量程范围	

续表 10-7

序号	说明	图示
5	设定好属性后，点击确定，再保存画面。激活项目，即可看到如右图所示的趋势图	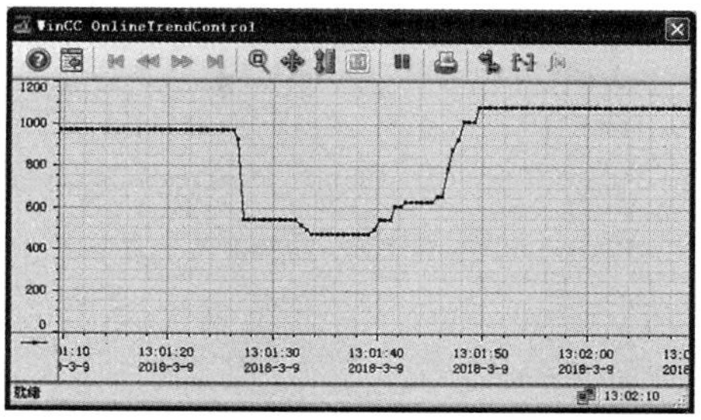
6	画面暂停后，可以回看历史数据	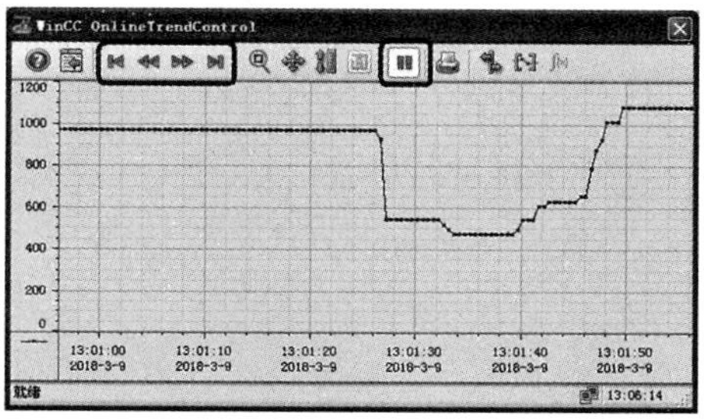

10.6 报警记录与显示

报警可以通知操作员生产过程中发生的故障和错误消息，用于及早警告临界状态，避免停机或缩短停机的时间。WinCC 的报警记录分为两个组件：组态系统和运行系统。报警记录的组态系统为报警记录编辑器。报警记录定义显示何种报警、报警的内容、报警的时间。使用报警记录组态系统可对报警消息进行组态，以便将其以期望的形式显示在运行系统中。报警记录的运行系统主要负责过程值的监控、控制报警输出、管理报警确认等。

10.6.1 组态报警记录

下面列举组态前文例子中的 "speed_feedback" 变量的报警记录，见表 10-8。

表 10-8   组态报警记录

序号	说明	图示
1	双击 WinCC 项目树中的 "变量记录"，打开报警记录软件	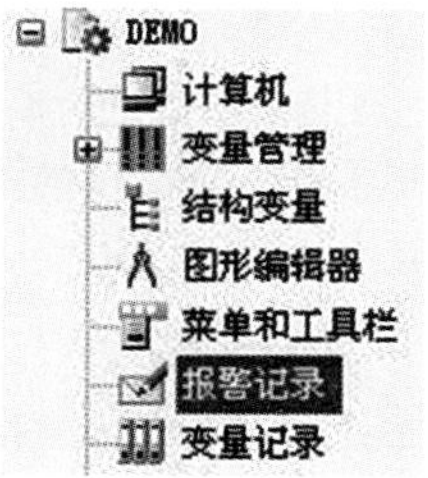

续表 10-8

序号	说明	图示
2	由于变量"speed_feedback"是模拟量，所以要激活"模拟量报警"	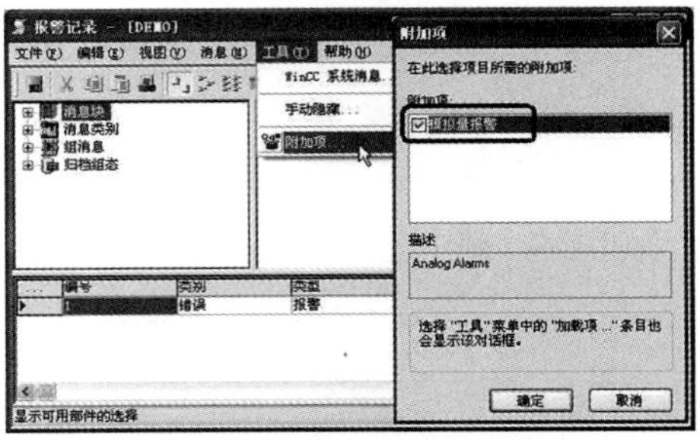
3	模拟量报警激活后，新建一个模拟量报警，并链接好要监视的变量	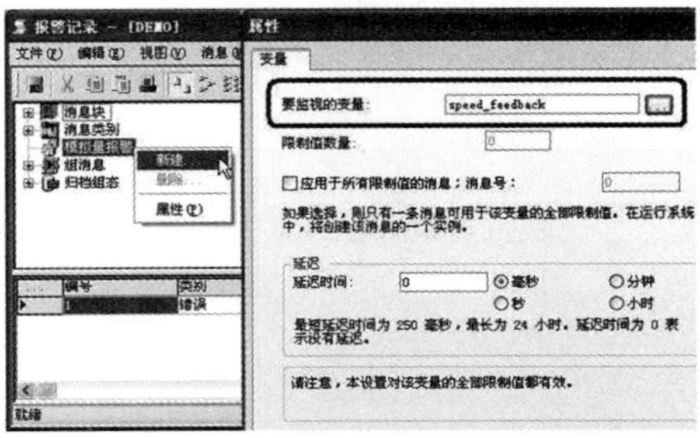
4	右键点击变量"speed_feedback"，新建报警消息组态。 如需要将1100设置为上限报警的阈值，则参考右图中A处的设置。 将B处的（报警）消息编号改为"1"	
5	同样地，再新建一个下限报警消息。 比如将下限报警的阈值设置为100，如右图中A处所示。 将B处的（报警）消息编号改为"2"。下一个新建的报警消息的编号为"3"	
6	下面进行报警消息的编辑。 右键点击需要编辑的报警消息，选择"属性"	

续表 10-8

序号	说明	图示
7	在打开的"单个消息"窗口中，切换到"文本"选项卡，修改"消息文本"和"错误点"。 　　块 3~块 10 为可激活的其他自定义报警消息，用户可根据现场的情况自行添加	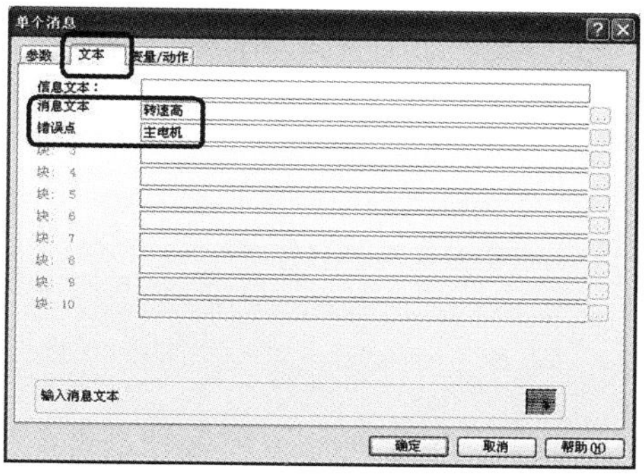
8	用同样的方法编辑好 2 号报警消息，编辑完毕后，"消息文本"和"错误点"信息会显示在 A 处。 　　编辑好所有的报警消息（或称为组态好所有的报警记录后），点击 B 处的保存即可	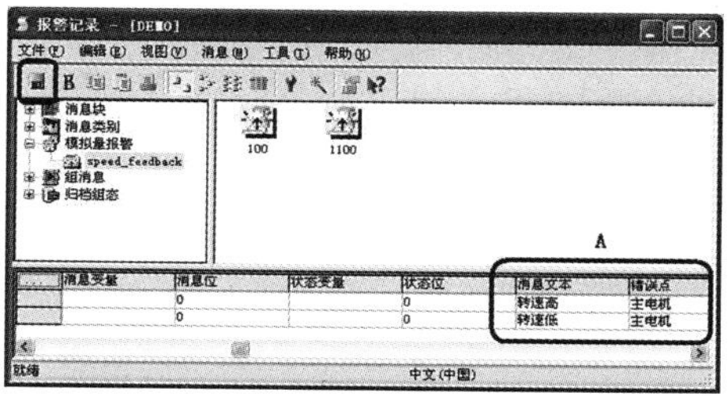

　　报警记录功能组态好之后，需要启动报警记录功能，才能在重新激活 WinCC 项目后开始报警的记录，该功能的开启见表 10-9。

表 10-9　　　　　　　　　　　　　报警记录功能的开启

序号	说明	图示
1	组态好报警记录功能后，保存退出。如果 WinCC 项目已经激活，请取消激活。 　　然后 WinCC 主界面中右键点击"计算机"，选择"属性"	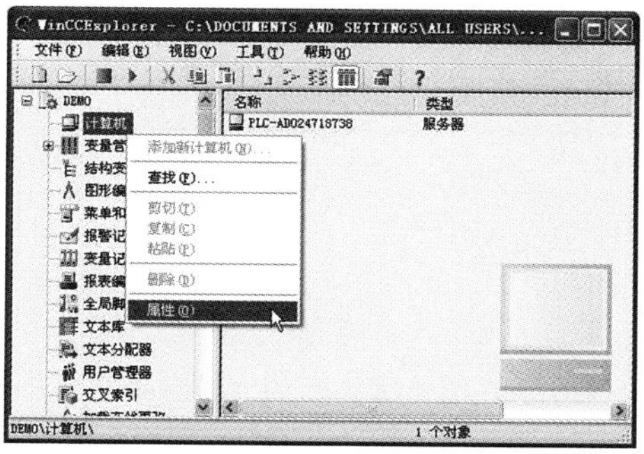

续表 10-9

序号	说明	图示
2	在弹出的"计算机列表属性"中，点击右侧的"属性"	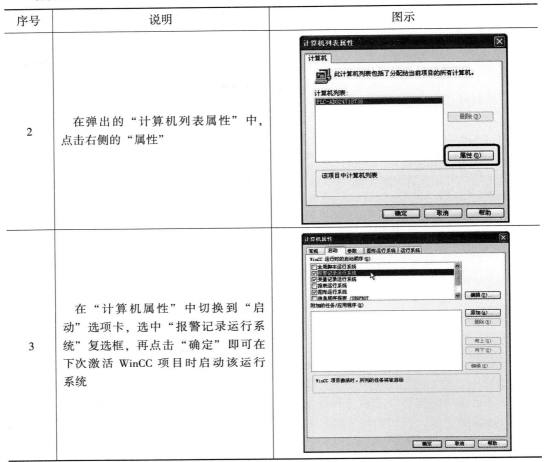
3	在"计算机属性"中切换到"启动"选项卡，选中"报警记录运行系统"复选框，再点击"确定"即可在下次激活 WinCC 项目时启动该运行系统	

10.6.2 组态报警显示

将报警显示绘制在画面上，具体的制作方法见表 10-10。

表 10-10   组态报警显示

序号	说明	图示
1	在图形编辑器的"对象调色板"的"控件"中选择 WinCC Online Trend Control，并在画面中画出	

续表 10-10

序号	说明	图示
2	在画面中画出趋势图后，会自动弹出右侧的窗口。 　　切换到"消息列表"选项卡，见右图 A 处。 　　在该选项卡中，B 处的"选定消息块"中的信息才能在触发报警时显示出来，"可用的消息块"中的信息不会显示出来。可以通过 C 处按钮将"可用的消息块"移动到"选定消息块"中	
3	"选定消息块"中各消息的上下顺序决定了报警消息显示时的左右顺序。如果希望报警消息显示的从左至右的顺序为"日期""时间""消息文本""错误点""编号"，则应按右图所示在"选定消息块"中向上或向下调整相应消息块。 　　点击确定，并保存画面	
4	重新激活后，当相应变量数值达到报警阈值时，可出现如右图所示的报警	

10.7 用户权限管理

系统运行时，可能需要创建或修改某些重要的参数，如修改温度和压力等参数的设定值、修改 PID 控制器的参数等，显然，此类操作只能允许指定的人员进行，禁止未经授权的人员对重要数据进行访问和操作。故组态系统时，需要使用用户管理器功能设置不同的访问级别来保障生产的安全。

用户管理器适用于不同层次的用户管理生产过程，对于不同的管理员可以设置相应的密码，并根据需要授予各自的权限。可以设置不同的访问级别，组态一个分层的访问保护。

用户管理器可以用来控制访问权限的指派和管理，以便杜绝未经授权的访问。也就是，每个过程操作、归档操作及 WinCC 系统操作都可对未经授权的访问加锁。一个用户最多可分配 999 种不同的权限。用户权限可在系统运行时分配。

表 10-11 组态用户权限

序号	说明	图示
1	双击 WinCC 项目树中的"用户管理器"，打开用户管理软件	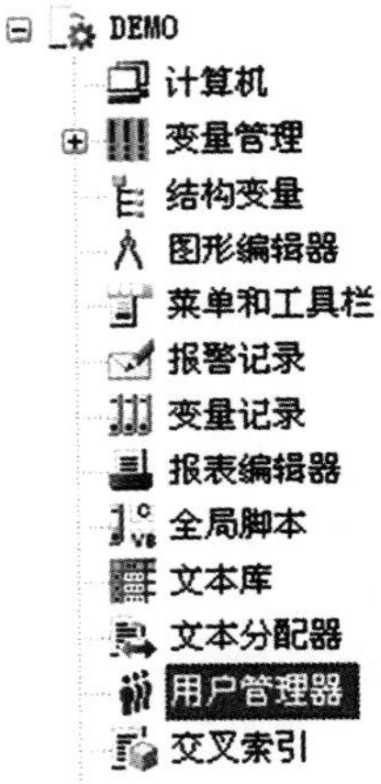 ☐-🔧 DEMO 　💻 计算机 　⊞ ⫾⫾⫾ 变量管理 　📊 结构变量 　🏋 图形编辑器 　🔧 菜单和工具栏 　📋 报警记录 　⫾⫾⫾ 变量记录 　📑 报表编辑器 　🔧 全局脚本 　▤ 文本库 　📑 文本分配器 　👥 用户管理器 　📑 交叉索引
2	打开用户管理器后，添加新用户，用户名及密码自定，并将其权限设定为"过程控制"	

续表 10-11

序号	说明	图示
3	修改需要设定操作权限的"授权"对象属性，其要与拥有权限者的权限功能相对应，如本例中的"过程控制"	
4	设定好所有需要设置权限的对象后，在画面上制作用户权限登录及注销按钮	

5	登录按钮的 C 脚本	`#include "apdefap.h"`
		`void OnClick(char* lpszPictureName, char* lpszObjectName, char* lpszPropertyName)`
		`{`
		`#pragma code("UseAdmin.DLL")`
		`#include "pwrt_api.h"`
		`#pragma code()`
		`PWRTLogin(1);`
		`}`

6	注销按钮的 C 脚本	`#include "apdefap.h"`
		`void OnClick(char* lpszPictureName, char* lpszObjectName, char* lpszPropertyName)`
		`{`
		`#pragma code("UseAdmin.DLL")`
		`#include "pwrt_api.h"`
		`#pragma code()`
		`PWRTLogout();`
		`}`

7	组态好用户权限，编写好登录及注销脚本后，如果没有登录相关权限用户，将没有这些对象的操作许可权	

10.8　练习

请参照本章的讲解，自己完成一遍 WinCC 项目主要功能的制作过程。

第11章 S7-1200/1500 PLC 与博途软件

11.1 S7-1200/1500 PLC

S7-1200 是西门子较新推出的紧凑型 PLC，如图 11-1 所示。它定位在 S7-200 和 S7-300 PLC 之间，最多可以扩展 8 个信号模块和 3 个通讯模块，适合于中、小型系统。S7-1200 PLC 支持通过信号面板来增加 I/O 点数，如图 11-2 所示，这样就降低了增加少量 I/O 点数时的成本，而且使用信号板没有改变原有系统的体积。

图 11-1 S7-1200 PLC

图 11-2 S7-1200 PLC 的信号板

图 11-3 S7-1500 PLC

S7-1500 是西门子最新推出的模块式 PLC，如图 11-3 所示。它定位在 S7-300 和 S7-400 PLC 之间，适合于中、大型系统。S7-1500 在性能、技术集成、安全集成、硬件设计等方面均有很大的突破。

（1）性能

①系统响应时间更短，这样能显著地提高控制的质量。

②CPU 最多可集成三个 PROFINET 端口，其中一个可连接到企业网络。另外两个具有相同 IP 的端口可连接到现场的设备。S7-1500　CPU 也可以集成 PROFIBUS-DP 端口。

③CPU 集成 Web 服务器功能，可在互联网通过标准网络浏览器查看 CPU 及其他模块的状态、拓扑结构、系统诊断信息、用户自定义网页等。

（2）技术集成

①集成了运动控制功能，并可利用 PLCopen 的模块对轴进行编程。

②集成了变量的 TRACE 功能，最多同时显示 4 条变量的 TRACE。使工程师可以在没有 HMI 的情况下，观察变量的变化趋势。可以实时快速记录每个扫描周期的数据（最快 0.25 毫秒）。并提供预记录功能，可以记录错误触发之前若干时间内的数据，以便更好地分析错误发生的原因，优化工艺过程。

（3）安全集成

①集成了程序的防拷贝功能，将某些程序块与存储卡 A 绑定后，将卡 A 的内容拷贝到卡 B 中，再拔出 A 卡并将卡 B 放入 CPU 中。由于程序块与卡 A 的序列号已绑定，其他人将无法从卡 B 中拷贝出这些程序块。

②集成了运行数据的防篡改功能，防止生产过程被未经授权的操作意外破坏。

（4）硬件设计

①CPU 上的彩色显示屏，可通过此显示屏诊断故障信息，如图 11-4 所示也可以通过其设置 PROFINET 端口的 IP 地址、CPU 的日期时间、CPU 的工作模式等。

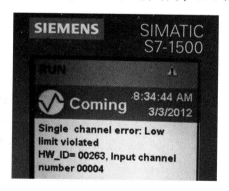

图 11-4　S7-1500 PLC 的 CPU 面板上的故障显示

②巧妙设计的内置 DIN 的导轨、可集成的电位桥接、可集成的屏蔽层接线组件、统一的前置连接器、方便接线的预布线位置设计等都是 S7-1500 硬件设计上的不俗之处。

由于均自带 PROFINET 接口，S7-1200 和 S7-1500 只需要一根网线即可连接编程电脑与 PLC。

11.2　博途软件概述

在使用传统软件设计控制系统时，编辑 PLC 程序需要一款软件，编辑 HMI 控制界面需要一款软件，配置现场设备（如变频器）还需要一款软件，而各部分却需要紧密联系才能构成一个控制系统。如果使用一款统一的软件完成上述所有的工作，将非常有益于整个系统的构建工作。博途软件就是这样一款软件，上述的所有 SIMATIC 产品都可以统一集成在这款软件中进行相应的配置、编程和调试。

博途软件可以概括出如下几个特点。

①友好的界面。在博途软件的界面上，以项目树为核心。项目中所有文件通过树形逻辑结构，合理整合在项目树中。单击项目树中的相应文件，可以在工作区打开该文件的编辑窗口，同时巡视窗口显示相应的属性信息。各个资源卡智能地根据编辑的文件选择当前所需的资源。每个窗口都可以固定位置，也可以游离到主窗口之外的任意位置，便于多屏编辑时使用。

②更加方便的帮助系统。软件不仅编辑了大量的帮助信息，而且将这些信息有效编排和索引。同时，在进行编辑的时候，如果对某个按钮或属性值需要查询帮助，只需将鼠标放在其上方，便会显示一个概括的帮助信息。如果单击这个帮助信息，会展开一个更详尽的帮助信息。如果再次单击其中的超链接，会进入帮助系统。这样的设计，使得程序的编辑可以高效进行。

③FB 块的调用和修改更加方便。当 FB 块的调用被建立或删除的时候，软件可以自行管理背景数据库的建立、删除和分配。当 FB 块被修改后，其对应的所有背景数据块也会自行更新。

④变量的内置 ID 机制。在变量表中，每一个变量除了绝对地址和符号地址以外，还对应一个内置的 ID 号。这样，任意修改一个变量的绝对地址或符号地址，都不会影响程序中相关变量的访问。

⑤与 OFFICE 软件实现互联互通。在博途软件中的所有表格都可以与 Excel 软件的表格之间实现复制、粘贴。

⑥SCL、Graph 语言的使用更加灵活。无需任何附加软件，可直接添加这两种语言的程序块。

⑦优化的程序块功能更加强大。对于优化的 OB 块，对中断 OB 内的临时变量进行了重新梳理，使用更加便利。对于优化的 DB 块，CPU 访问数据更加快速，并可以在不改变原有数据的情况下向某 DB 块内添加新变量能（下载而不初始化 DB 块的功能）。

⑧更加丰富的指令系统。重新规划了全新的指令系统，在经典 Step7 下很多库中的功能整合在指令中。在全新的指令体系下，增添了 IEC 标准指令、工艺指令和可内部转换类型的指令（比如输入一个数字公式，可以直接得到计算结果，即使公式内变量类型不一致，也可以被隐式转换）。

⑨更加丰富的调试工具。在优化原有的调试功能外，还增加了很多新功能。如跟踪功能，可以基于某个 OB 块的循环周期采样记录某个变量的变化状况。

⑩HMI、PLC 之间资源的高度共享。PLC 中的变量可以直接拖到 HMI 界面上，软件自动将该变量添加到 HMI 的变量词典中。

⑪整合了 HMI 面板下的一些常用功能。如时间同步、在 HMI 上显示 CPU 诊断缓存等功能，不再需要烦琐的程序和设置来实现，可直接通过简单设置和相应控件完成。

⑫S7-1200 与 S7-1500 使用的软件是 Step7 V1x（TIA 博途软件），从 11 版起，博途软件也可以对 S7-300/400 进行组态及编程等操作（限 2007 年 10 月 1 日前未退市的硬件）。

11.3　博途软件的基本使用

本节将演示博途软件的基本使用，见表 11-1。本章的软件截图均来自博途 14 版，使用其他版本时可能略有不同。

表 11-1　博途软件的基本使用

序号	说明	图示
1	双击 TIA Portal 编程软件的图标，打开软件。见右图，点击"创建新项目"→"修改项目名称和路径"→"创建"	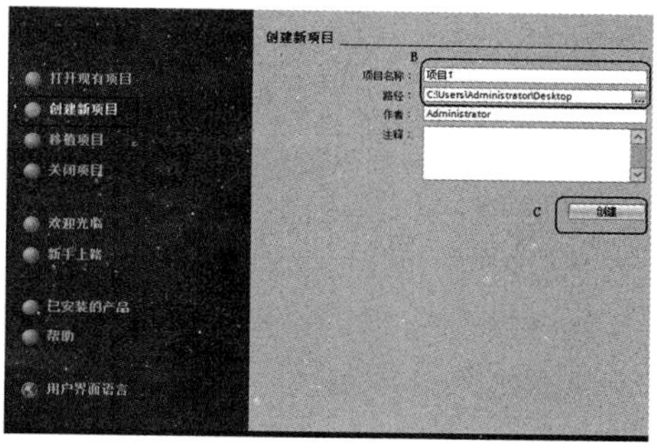
2	选择"组态设备"	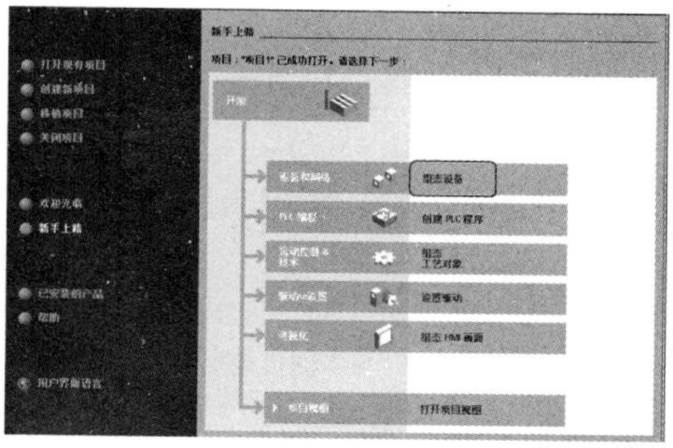
3	以 S7-1500 PLC 为例。 　　S7-1500 PLC 的本地框架可以自动读取组态信息。 　　"添加新设备"→"控制器"→"SIMATIC S7-1500"→"CPU"→"非指定的 CPU1500"→"6ES7-5XX-XXXXX-XXXX"（双击）→"添加"	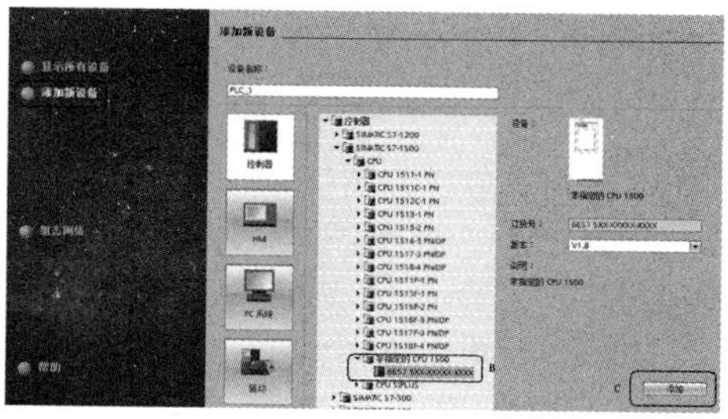

续表 11-1

序号	说明	图示
4	点击"获取"。 "使用硬件目录指定 CPU"即手动组态方式	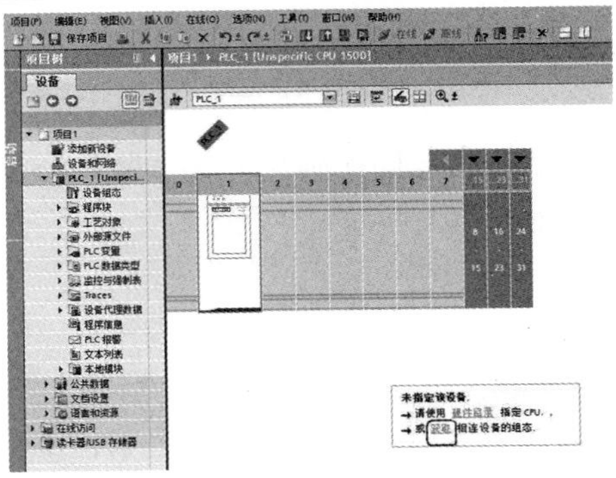
5	上一步点击"获取"后，弹出"PLC_1 的硬件检测"窗口。 在 A 处设定 PG/PC 接口的类型及具体的接口。 B 处的"闪烁 LED"可以帮助实际要操作的 PLC。 设定好 PG/PC 就可以点击 C 处的"开始搜索"，表格中出现相应设备信息后，选中再点击 D 处的"检测"，即可完成自动组态	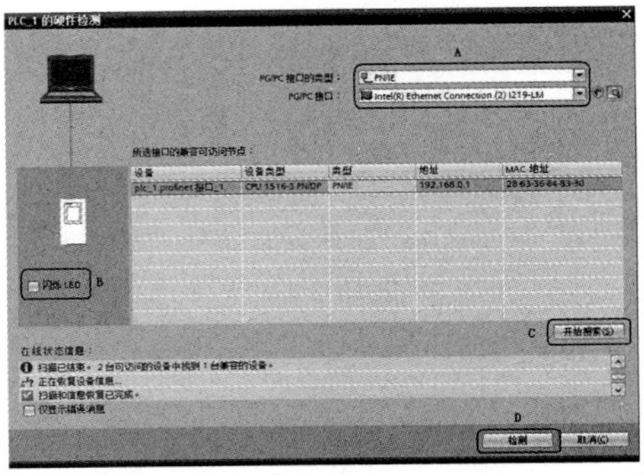
6	自动组态结束后见右图 （说明： ①该操作一定要在线连接 PLC 后进行； ②本地框架外的框架暂不会自动组态上来，如 ET200 的框架等； ③图中 0 号槽的电源为 PM 电源，该电源没有背板总线，因此没有自动组态出。）	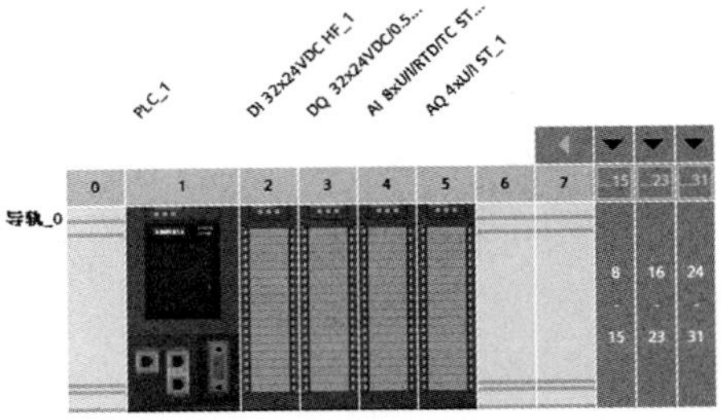
7	组态后可开始编程，编程的第一步推荐定义好各变量的变量名，类似于经典 Step7 中的符号名。 在"PLC 变量"中，可以将变量定义在默认变量表或新变量表中	
8	例如在变量表中建立两个变量	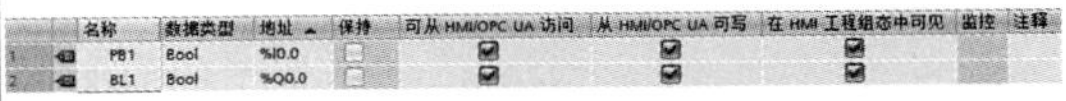

续表 11-1

序号	说明	图示
9	打开程序块中的 OB 就可以编程了。 博途支持智能拖拽功能，使用起来方便快捷，比如指令可以拖拽	
10	变量也可以拖拽	
11	编好程序后，无需手动点击编译，程序即可下载（下载时将自动编译）。相比之下经典 Step7 程序的编译必须手动点击。 若选择 A 处点击鼠标右键选择"下载到设备"，则仅下载 OB1，若选择 B 处，则会下载组态及程序	

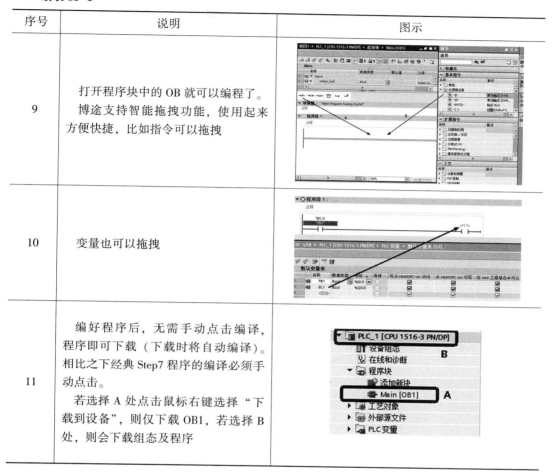

11.4　S7-1200/1500 PLC 的仿真

表 11-2　　　　　　　　　　　S7-1200/1500 PLC 的仿真

序号	说明	图示
1	组态及程序编辑好后，可以通过仿真进行测试。 选中 PLC 一级，再点击开始仿真，见右图 （注意：在博途软件，项目树中选择不同的硬件设备会打开不同的仿真器。）	

续表 11-2

序号	说明	图示
2	点击之后会出现右侧的提示，其含义为即使计算机仍与实际的 PLC 相连，但是打开仿真器后，计算机与 PLC 的连接接口将被禁用	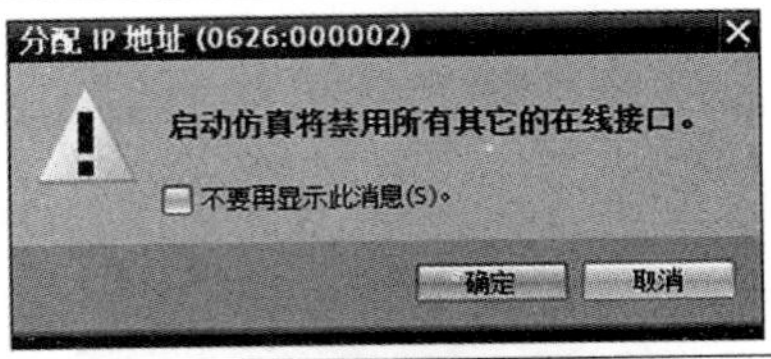
3	点击确定后会同时出现右侧的两个图。 点击右下图中的 A 处开始搜索。 再点击右下图中的 B 处进行下载	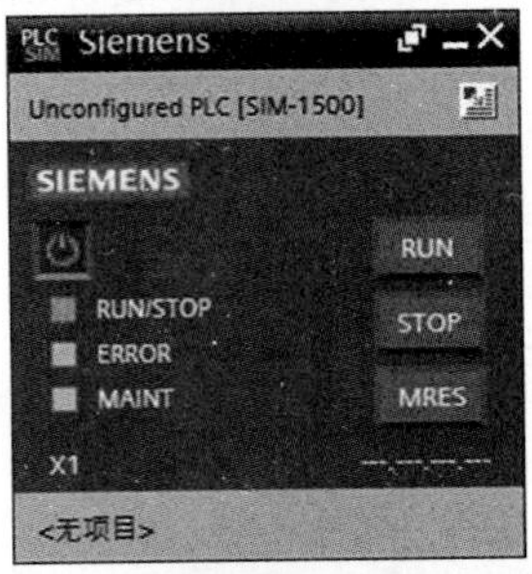 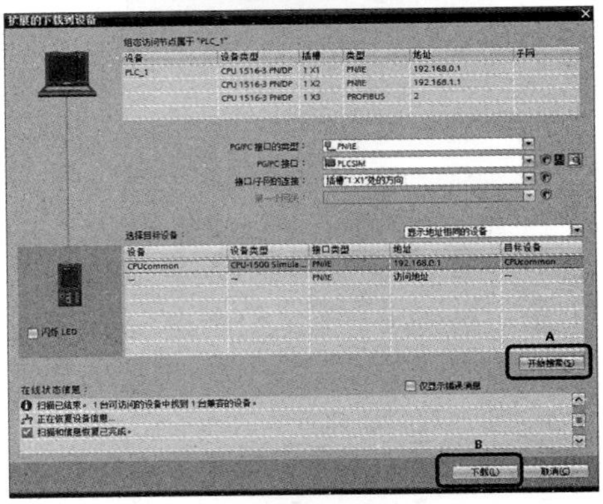
4	如果出现右侧的画面，可以选中"全部覆盖"后，再点击"装载"	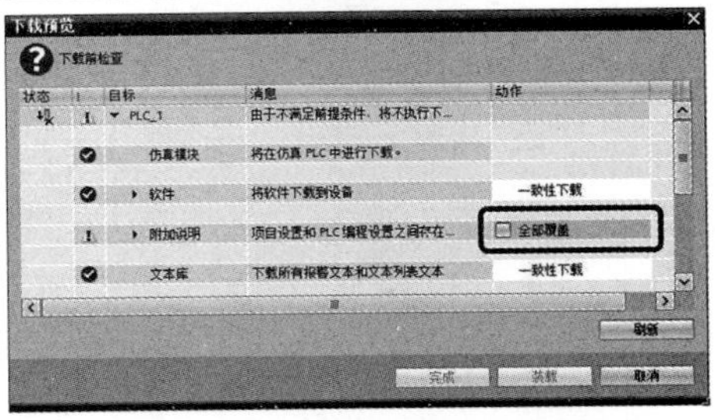
5	选择"全部启动"，再点击"完成"。否则 PLC 将工作在 STOP 模式	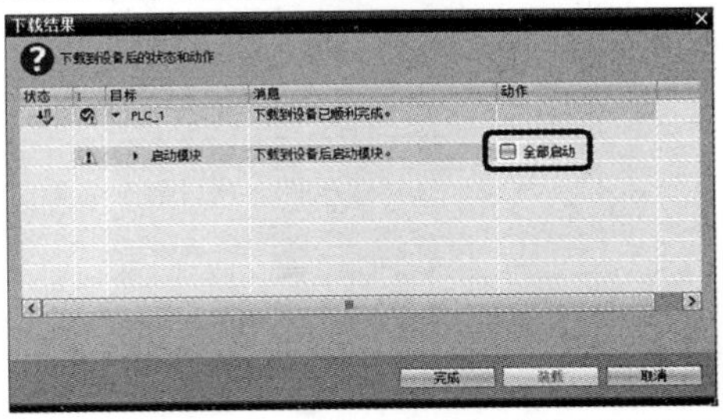

续表 11-2

序号	说明	图示
6	下载好之后，打开仿真器，点击右上角的图标"切换到项目视图"	
7	从 14 版开始，仿真器中的项目与仿真状态分离，即打开仿真器并下载程序和组态后，仿真器中无打开的项目也可进行仿真，官方对此现象的描述是："仿真项目未打开，仿真器正在运行但尚未组态"。如果需要使用仿真项目中的 SIM 表和序列表功能，则需要创建或打开仿真器项目，并将其与博途项目中的 PLC 站点进行同步，成功后的现象官方的描述是："仿真项目已打开，仿真正在运行且已组态"	
8	仿真项目打开，仿真正在运行且已组态后，可以通过 SIM 表格或序列进行仿真	
9	通过 SIM 表格的仿真可以直接点击右图中的复选框以改变 10.0 的状态。如果是非布尔量型的变量，可以直接修改仿真数值。 SIM 表格中的变量支持从 Excel 导入	

续表 11-2

序号	说明	图示
10	通过序列可以仿真外部设备随时间的变化，如右图所示，仿真了 10.0 在 0 秒时为 1、5 秒时为 0、10 秒时为 1、15 秒时为 0 的状态。 序列可以从 Excel 的运行数据中导入。 从 14 版开始，可以从 Trace 测量结果中导入序列	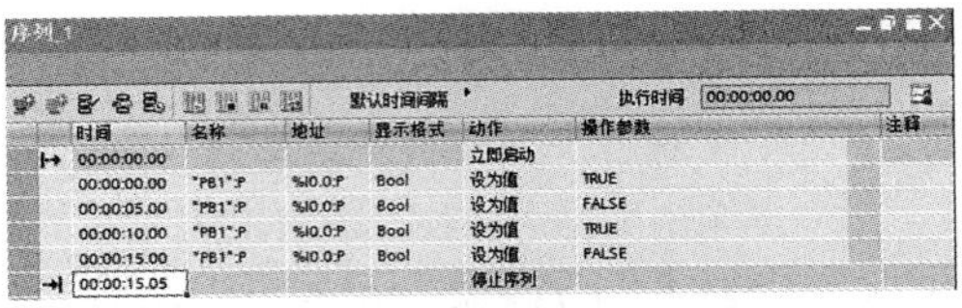

11.5 练习

请参照本章的讲解，自己完成一遍博途软件的基本使用及仿真。

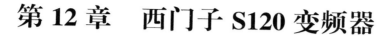

第 12 章　西门子 S120 变频器

12.1　SINAMICS 驱动系统

12.1.1　SINAMICS 产品概述

西门子公司推出的 SINAMICS 系列驱动产品应用范围很广，适用于工业领域的机械和设备制造。SINAMICS 系列驱动产品提供的解决方案可以应对下列各种驱动任务：

生产工业中的泵和风机应用；

离心机、压机、挤出机、升降机，以及传送带和运输系统中的复杂单电动机驱动；

纺织机械、塑料机械、造纸机械及轧钢设备中的复合驱动系统；

用于风电涡轮机控制的精密伺服驱动系统；

用于机床、包装机械和印刷机械的高动态伺服系统。

SINAMICS V 系列是基础性能的驱动产品，它的特点是易于安装、易于使用，并且投入成本与运行成本都较低，操作简单，应用场合简单。

SINAMICS G 系列是标准性能的驱动产品，它的特点是拖动感应电动机的各种标准应用，这些应用对电动机的转速的动态性能要求不太高，适用于复杂的应用场合。

SINAMICS S 系列是高性能的驱动产品，它的特点是拖动带有更复杂任务的感应电动机和同步电动机，有高动态性能和精度要求，应用场合最为复杂。

SINAMICS DCM 是 SINAMICS 系列驱动器中的新一代直流调速器。与以往产品相比更具有通用性和可扩展性，SINAMICS DCM 不仅可以实现基本调速要求，而且可以满足较高的调试控制要求。SINAMICS 系列驱动产品如图 12-1 所示。

12.1.2　SINAMICS 产品与全集成自动化（TIA）

SINAMICS 系列的所有传动产品都一致地遵循一种"平台"概念，变频器的设计均基于一个统一的开发平台，并采用共同的硬件和软件组态及统一的工具用于选型、组态和调试运行，可保证在所有部件之间具有较高的通用性。各种不同传动任务都可使用 SINAMICS 来完成，而不会发生系统中断。不同型号的 SINAMICS 均可很方便地实现彼此协同。

SINAMICS 系列驱动产品是西门子公司"全集成自动化（TIA）"的核心组成部分。SINAMICS 在组态、数据管理及与上层自动化系统通信等方面的集成性，可确保其与 SIMATIC、SIMOTION 和 SINUMERIK 控制系统组合使用时成本低廉，SINAMICS 产品在自动化系统中的集成如图 12-2 所示。

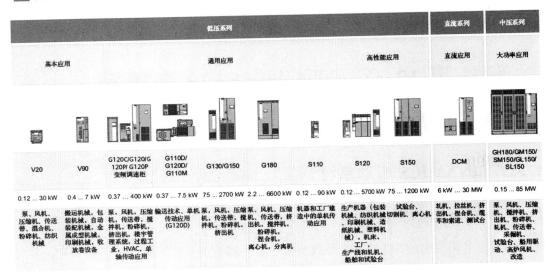

图 12-1　SINAMICS 系列驱动产品

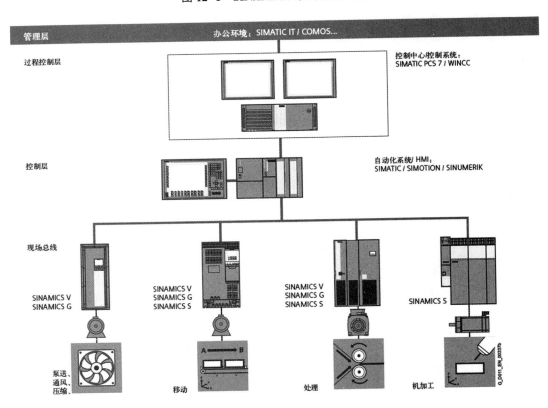

图 12-2　SINAMICS 产品在自动化系统中的集成

12.1.3　SINAMIC S120 驱动系统简介

SINAMICS S120 产品分类如图 12-3 所示。

图 12-3　SINAMICS S120 产品分类

SINAMICS S120 是一种带有矢量控制和伺服控制功能的模块化传动系统，可用于实现单机或多机变频调速的传动应用，也可用于实现单轴或多轴的运动控制。

不仅可用于矢量和伺服控制，而且可进行 V/f 控制。SINAMICS S120 还可对所有的传动轴进行转速和转矩控制，并执行其他智能驱动功能，图 12-4 所示为 SINAMICS S120 系统组成示意图。

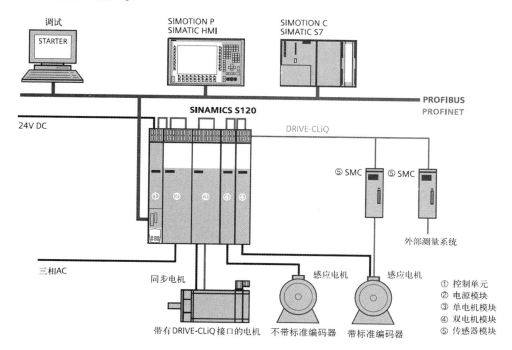

图 12-4　SINAMICS S120 系统组成示意图

SINAMICS S120 产品功率范围覆盖 0.12~4500kW，可实现几乎所有控制要求苛刻的驱动应用。

SINAMICS S120 智能化驱动功能体现于控制单元中的闭环控制功能。应用闭环控制精确控制同步和异步电动机，可以用于驱动西门子整个低压电动机系列的传动产品。

SINAMICS S120 集成有标准 PROFIBUS-DP 或 PROFINET 接口。通过这些接口，可方便地集成到上位自动化控制系统中。

SINAMICS S120 变频调速柜组配的专业的机柜组非常适合安装于各个生产环节，其总功率可达 4500kW。通过标准化的接口，可快速地将这些变频调速装置随意连接组成应对多电动机复杂驱动的各种解决方案。

12.1.4 SINAMIC S120 驱动系统的特点

（1）模块化系统，适用于要求苛刻的驱动任务

SINAMICS S120 可以胜任各个工业应用领域中要求苛刻的驱动任务，并因此设计为模块化的系统组件。大量部件和功能相互之间具有协调性，用户因此可以进行组合使用，以构成最佳方案。功能卓越的组态工具 SIZER 使选型和驱动配置的优化计算变得易如反掌。

丰富的电动机型号使 SINAMICS S120 的功能更加强大。不管是扭矩电动机、同步电动机还是异步电动机，或者是旋转电动机或直线电动机，都可以获得 SINAMICS S120 的最佳支持。

（2）配有中央控制单元的系统架构

在 SINAMICS S120 上，驱动器的智能控制、闭环控制都在控制单元中实现，它不仅负责矢量控制、伺服控制，还负责 V/f 控制。另外，控制单元还负责所有驱动轴的转速控制、转矩控制，以及驱动器的其他智能功能。各轴的互联可在一个控制单元内实现，并且只需在 STARTER 调试软件中进行组态即可。

（3）更高的运行效率

基本功能：转速和转矩控制、定位功能。

智能启动功能：电源中断后自动重启。

BICO 互联技术：驱动器相关 I/O 信号互联，可方便地根据设备条件调整驱动系统。

安全集成功能：低成本实现安全概念。

可控的整流和回馈：避免在进线侧产生噪声、控制电动机制动时产生的再生回馈能量，提高进线电压波动时的适用性。

（4）DRIVE-CLiQ-SINAMICS S120 部件之间的数字式接口

DRIVE-CLiQ 通用串行接口连接 SINAMICS S120 的主要组件，包含电动机和编码器。统一的电缆和连接器规格，可减少零件的种类和仓储成本。对于其他厂商的电动机或改造应用，可使用转换模块将常规编码器信号转换成 DRIVE-CLiQ。

（5）所有组件都具有电子铭牌

每个组件都有一个电子铭牌，在进行 SINAMICS S120 驱动系统的组态时会起到非常重要的作用。它使得驱动系统的组件可以通过 DRIVE-CLiQ 电流被自动识别。因此，在进行系统调试或系统组件更换时，就可以省掉数据的手动输入，使调试变得更加安全。

该电子铭牌包含了相应组件的全部重要技术数据，例如：等效电路的参数和电动机

集成编码器的参数。

除了技术数据外，在电子铭牌中还包含物流数据，如订货号和识别码。由于这些值既可以在现场获取，也能够通过远程诊断获取，所以在机器内使用的组件可以随时被精确检测，使得维修工作相应得到简化。

12.2　西门子其他运动控制系统

12.2.1　SIMOTION

SIMOTION 是一个全新的运动控制器，集逻辑控制、工艺 PID 控制、运动控制于一体。既能实现逻辑和运算控制功能，又能实现 PID、角同步、电子齿轮、电子凸轮等复杂的运动控制功能，使 PLC 逻辑控制和 PID 功能、运动控制功能完美地集成在一个系统中，大大简化了编程工作，缩短了系统响应时间，使系统诊断更加容易。

SIMOTION 的编程调试软件是 SCOUT，它提供了丰富的控制指令和系统诊断功能。SIMOTION 硬件平台有 SIMOTION C、SIMOTION P 和 SIMOTION D 三种，分别适用于不同的应用场合。三种硬件平台可以单独工作，也可以在一个设备中互相配合。

SIMOTION C 是基于 SIMATIC S7 - 300 设计的运动控制器。可以使用 SIMATIC S7-300系列模块对 SIMOTION C 进行模块扩展。

SIMOTION P 是一个基于 PC 的运动控制系统。PLC、运动控制和 HMI 功能与标准 PC 应用程序在同一平台上执行。

SIMOTION D 是 SIMOTION 的一个紧凑的、基于驱动的版本，以 SINAMICS S120 为基础。

图 12-5~图 12-7 是 SIMOTION 的典型配置。

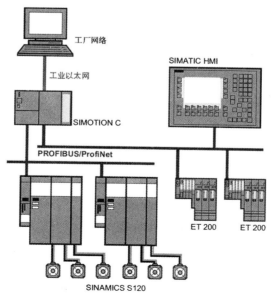

图 12-5　SIMOTION C 的典型配置

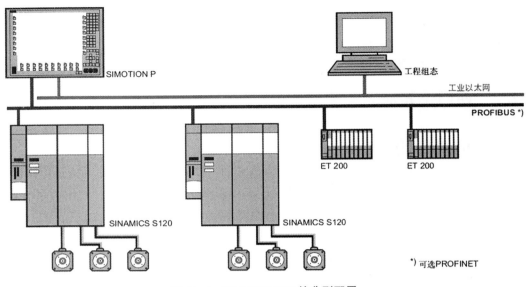

图 12-6　SIMOTION P 的典型配置

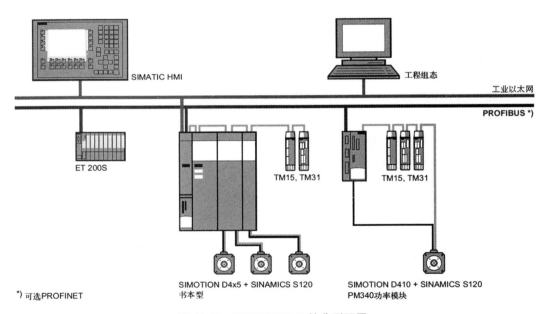

图 12-7　SIMOTION D 的典型配置

12.2.2　MasterDrives

MasterDrives 系列（6SE7 系列）包含 VC 和 MC 两种变频器。VC 用于矢量控制，应用于需要高度精确转矩和动态响应的情况；MC 用于运动控制，实现定位控制。可使用 DriveMonitor 进行调试。

12.3　使用 STARTER 软件调试 S120

SINAMICS S120 的调试是通过调试软件 STARTER 创建配置一个项目的形式来进行的，共有两种创建项目的方式：离线配置和在线配置。

离线配置是所有的项目数据都在离线的方式下输入的，即在离线的状态下创建一个新项目，选择相应的驱动单元，根据图形化的提示，一步一步地手动输入或选择各模块和电机的数据。当数据全部输完后，存储项目并下载到驱动装置中，即完成项目的创建，离线配置适用于不带有 DRIVE-CLiQ 接口的西门子标准电机或第三方电机。

在线配置是将编程器和驱动单元在线连接，控制系统通过 DRIVE-CLiQ 将相连接的各模块和电机的数据读入装置，再通过 PROFINET（或 PROFIBUS DP）接口传到编程器中，即在在线方式下将各模块的参数从装置上载到编程器中，无须手动输入。在线配置适用于带有 DRIVE-CLiQ 接口的西门子电机。

下面将演示在线配置的操作过程，见表 12-1。

表 12-1　　　　　　　　　　　　　　　　在线配置

序号	说明	图示
1	创建新项目，对新项目命名，设置保存路径	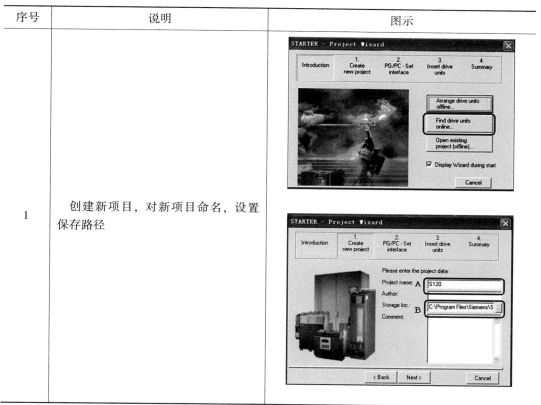

续表 12-1

序号	说明	图示
2	设置 PG \ PC 接口。点击"Access point",可以通过 STARTE 或 Step7 来访问设备。 选择 PG/PC 接口,点击"PG/PC"。选择"Access Point of the Application"和接口设置参数,见右上图的 A 及 B 处。 当前选项中没有需要的接口时,可通过按钮"Select"创建其他接口。点击"OK",确认设置,见右下图的 A、B 及 C 处	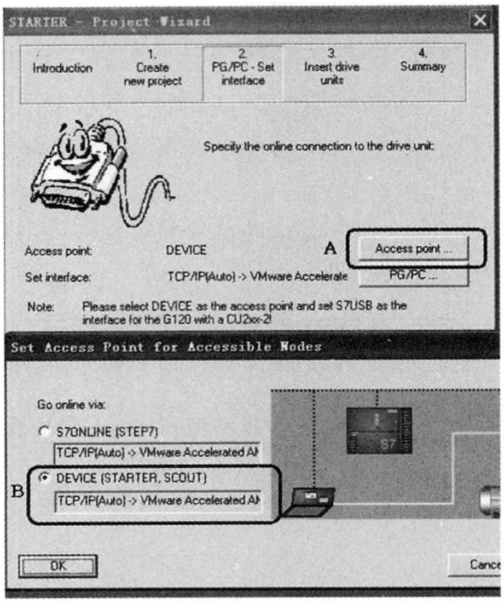 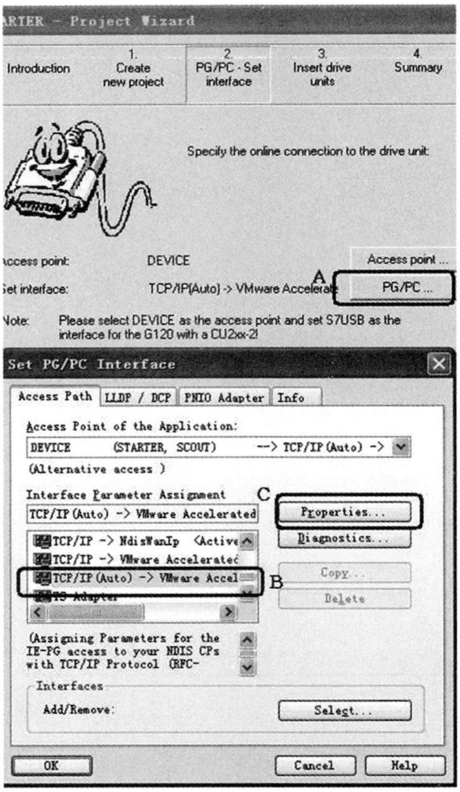

续表 12-1

序号	说明	图示
3	添加驱动设备。此处搜索到的节点将在预览窗口中显现，点击"next"。 如果没有添加成功，点击 A 处的"Refresh view"出现如图中 B 处所示即可，点击"next"。 项目现已创建。项目向导会显示当前设置，点击"Complete"	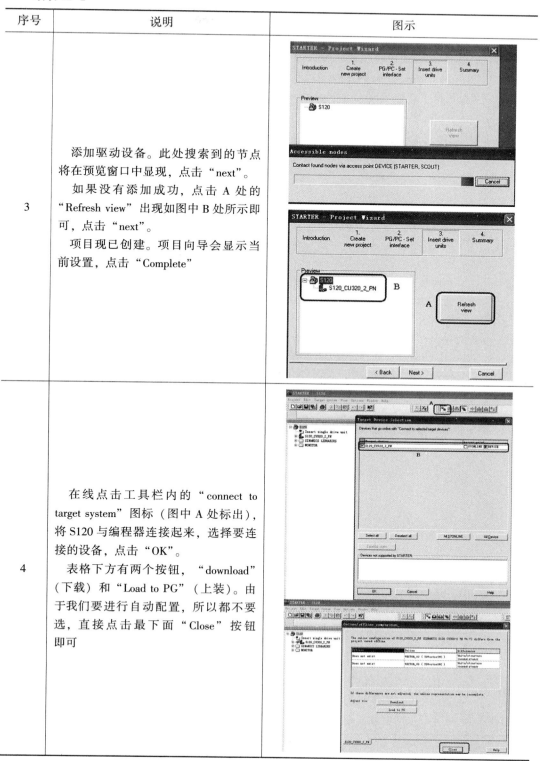
4	在线点击工具栏内的"connect to target system"图标（图中 A 处标出），将 S120 与编程器连接起来，选择要连接的设备，点击"OK"。 表格下方有两个按钮，"download"（下载）和"Load to PG"（上装）。由于我们要进行自动配置，所以都不要选，直接点击最下面"Close"按钮即可	

续表 12-1

序号	说明	图示
5	恢复工厂设置。点击工具栏内的"Restore factory settings"图标，此时弹出对话框，选择"Save device parameterization to ROM ofter completion"并点击"OK"按钮，系统开始进行工厂复位，复位结束后请选择"OK"确认	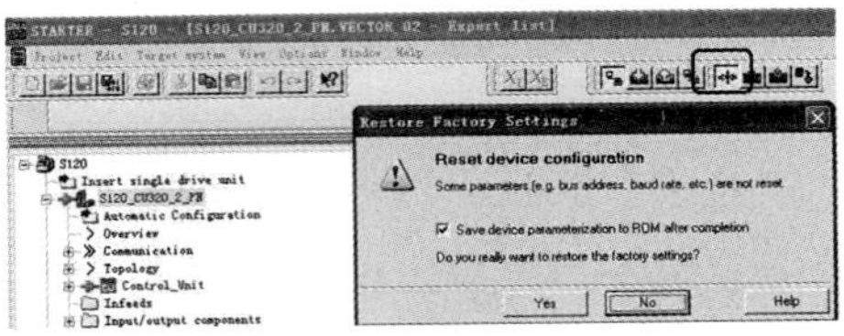
6	自动配置驱动系统。在窗口左侧项目导航栏中，双击"S120_CU320_2PN"下的"Automatic configuration"，此时弹出一个对话框。当该对话框的第一行"Status of the drive unit"显示"First commissioning"时，点击"Start automatic configuration"按钮，系统会让用户选择轴的控制类型——伺服或矢量控制。以伺服控制为例，选择"Servo"，然后点击"Finish"按钮	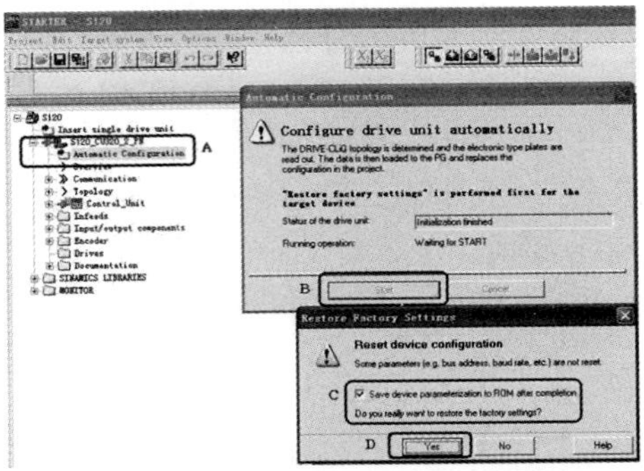 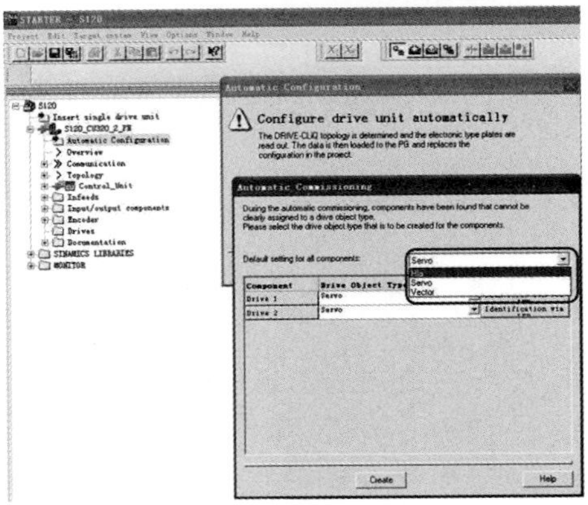
7	项目下载与保存。选中所建项目，如图中 A 所示。在线连接，执行"Load project to target device"将项目下载到 S120 的存储器 RAM 中，如图中 B 处。执行"Load to PG"，将 S120 中的项目上载到编程器 PG 中的 RAM 中，如图中 C 所示。执行"Save"或"Save and compile"，保存并编译项目到 PG 中，如图中 D 所示	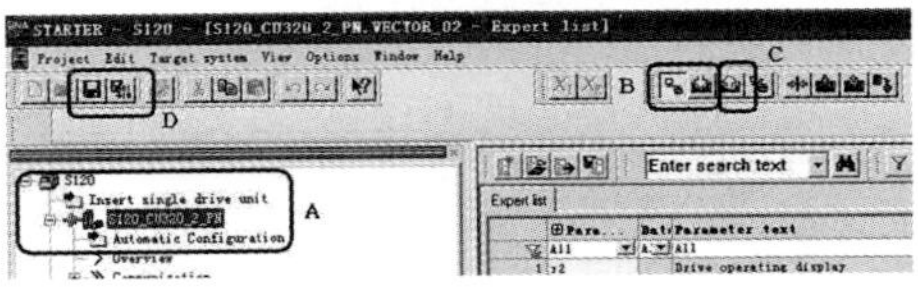

对于项目的存储问题，需要注意以下两点。

在线情况下，用户所看到的内容（如配置拓扑和参数等）都存储在控制单元 CU32 的动态内存 RAM 中，并没有存储在 CF 卡上或计算机的硬盘里。一旦系统断电，这些内容都会立即丢失，等下次上电时，系统会将 CF 卡中的旧数据读到 RAM 中，CF 卡上的数据是断电保持的。所以用户需要将新的内容拷贝到 CF 卡中，执行此项操作的命令是"Copy RAM to ROM"。

　　如果还想把当前内容存储到计算机的硬盘中，就需要先执行"Load to PG"（或"Loadall to PG"），将 RAM 区中的内容读到当前项目中。

参考文献

［1］ 姜建芳.西门子 S7-300/400 PLC 工程应用技术［M］.北京:机械工业出版社,2012.

［2］ 廖常初.S7-300/400 PLC 应用技术［M］.北京:机械工业出版社,2011.

［3］ 刘华波,刘丹,赵岩岭.西门子 S7-1200 PLC 编程与应用［M］.北京:机械工业出版社,2011.

［4］ 刘华波,何文雪,王雪.西门子 S7-300/400 PLC 编程与应用［M］.北京:机械工业出版社,2012.

［5］ 王德吉,陈智勇,张建勋.西门子工业网络通信技术详解［M］.北京:机械工业出版社,2012.

［6］ 张硕.TIA 博途软件与 S7-1200/1500 PLC 应用详解［M］.北京:电子工业出版社,2017.